JN171912

続・生活数学シリーズ
No. 3

江戸時代の文化思想として

算聖・関孝和の「三部抄」を読む

岡部　進　著

ヨーコ・インターナショナル

装幀・表紙デザイン・本文カット
および画像提供　　　前田洋子

◆はじめに

本書は、関孝和（1642~1708）が著した「三部抄」の紹介です。

「紹介」といっても、解説を目指して、生活数学ネットワークおよびヨーコインターナショナルが主宰している「ミニ講演会」（セッションと呼称）で講演した内容です。

この「セッション」は、毎月第四火曜日の18時半から20時まで開催している「生活数学を学ぶ」会です。少人数を対象としており、この第77回（平成28年3月）から第86回（同年12月）で、「関孝和の数学」をテーマに選び、「三部抄」の内容を取り上げました。

このセッションに参加する人たちは、特に数学をきわめた人でもなく、また和算に長けている人たちでもないが、数学に関心を持っている人たちでした。

こうした人たちにアンケートをしたところ、江戸時代の数学のことや関孝和の数学を知りたいという声がありました。

そこで、「和算」（江戸時代の日本固有の数学）の内容を説明するのにも最適なのは関孝和の著した「三部抄」であると考え、10回分の内容として按配し、「三部抄」の一部分を取り上げることにしました。これが本書の骨格です。

さて、「三部抄」とは、

①「解見題之法」

②「解隠題之法」

③「解伏題之法」

を指します。これらは全て漢文調です。そこで「書き下し文」をインターネットで検索しました。

・京都大学数理解析講究録

に出合い、公開文書でしたので、引用することにしました。

こうして「書き下し文」をもとに、この中身をセッションの参加者と共に学びあうことにしました。この学び合いといっても、リーダーシップをする立場にありましたから、作業プリント原稿とパワーポイント原稿を作り、プリントして配布しました。

こうしてセッション用に作られた原稿ですから、復習の箇所もあり、重複も生まれました。今回、まとめるにあたってセッション用原稿を修正し、加筆しました。

セッションは10回分としましたので、「三部抄」の割り振りは、

・①は3回

・②は4回

・③は3回

としました。したがって、①と③は、内容の一部分を取り上げることになってしまいましたが、②は内容の全部を取り上げることが出来ました。

また、「和算」における関孝和の年代位置づけが必要ですので、

・毛利重能著『割算書』（１６２２年）

をセッション課外授業で取り上げていましたので添えることにしました。

そして何よりの大事な事として、セッションに参加された方々に感想を依頼し原稿を寄せていただきました。

こうして本書が生まれました。

本書作成に当たってヨーコ・インターナショナルの前田洋子さんにお世話をいただいた。ここに感謝を申し上げます。

平成29年９月30日

著者岡部　進

◆目次（「　」内は原文）

序章　和算の始まり

関孝和の師・毛利重能著『割算書』について

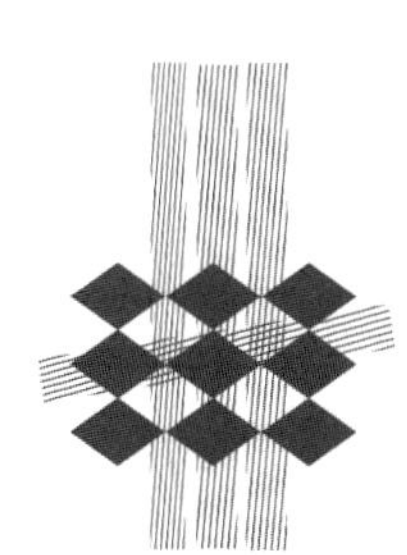

◆第１節　和算史の中の毛利重能について

毛利重能（生存期間は不明）は、江戸時代の日本で独自に開花した伝統的な「算」の学問すなわち「和算」を扱うときに必ず登場する人物です。

この理由の第一は、彼が著した『割算書』（元和８年、１６２２年）が昭和時代に見つかって以来、日本で最初に登場した数学書と位置づけられてきたからです。

またこの書物は、表紙がなく、タイトルも不明であったため、第三者が書名をつけて扱うようになりました。

第二の理由は、発見時にその内容が江戸時代を通して「算」の読み物として庶民に親しまれてきた吉田光由著『塵劫記(じんこうき)』（１６２７年刊行）の中身と類似していたことです。

第三の理由は、この書物の書き出しが次のように不自然であったこともありました。

「夫(それ)割算と云(いふ)は壽天屋邊連(しゅてやへれん)と云う所に智恵(ゑ)万徳を備(そな)はれる名木に百味之含霊(かんれい)の菓(このみ)一生一切人間の初夫婦二人故是を其時二に割初より此方割算と云事有・・・」

（出典：毛利重能著『割算書』（振り仮名原文　日本珠算連盟編集　昭和31年３月30

日発行）

この引用文に出てくる「壽天屋邊連」とはどんな場所を指しているのか、また「名木」云々という樹木は何かなどに謎があったことです。

この謎は話題になり、いまも諸説が登場しています。

しかし「割算書」は、今、和算史では二番目に位置づくようになりました。この一番目の書物も書名や作者名が不明なので、第三者が『算用記』と書名をつけて扱われています。この現物を筆者はこれまで見ていません。

毛利重能という人物

幸いにも前掲『割算書』の跋文（あとがき）に、

「摂津国武庫郡瓦林之住人、今京都に住割算之天下一と号者也　元和8年初春重能〇印□印」

と記されていることから、今の兵庫県西宮市に住んでいて、後に京都に転居し、「ソロバンの数学」（初期和算）に長けていた人物であることが分かります。そして弟子がいたことも分かっています。
その弟子は次のような系図になります*)。

- 毛利重能
  - 今村知商（以下略）
  - 吉田光由（以下略）
  - 高原吉種
    - 礒村吉徳
    - 内藤治兵衛
    - 関　孝和

*) 引用　前掲『割算書』解説（平山諦）62頁

このように弟子にはよく知られている吉田光由や関孝和がいますから、和算の源流を考えるとき、毛利重能の存在やその著『割算書』の内容は欠かせないのです。

◆第２節　『割算書』の内容

先ず前掲『割算書』の「割算目録之次第」は次のようになっています。（番号は引用者が付けました）

（序文、目次）①八算同発、②見一同発、③帰一倍一同発、④四十四割、⑤四十三割、⑥小一斤声、⑦糸割、⑧掛て吉分、⑨絹布割、⑩升積算、⑪金割算、⑫借銀借米、⑬米売買、⑭検地算、⑮普請割、⑯町見様

さらに中身を見ると、次のような目録項目に対応した見出しと例題や説明が付いています。（番号は引用者）

①八算之次第、②見一之次第、③帰一倍一之次第、④金子四十四割次第、⑤銀子四十三割次第、⑥小一斤之次第、⑦唐目を日本目に直次第、⑧割算に懸てはやき分、⑨絹布の次第、⑩物に升かす入次第、⑪金かねへの分、⑫借銀利足の次第、⑬米の売買の次第、⑭検地の次第、⑮普請割の次第、⑯町の見やうの次第

（出典：『割算書』振り仮名も原文のまま、当用漢字使用）

これらの目録と見出しから、どんなことが分かるのでしょうか。次の四つに分類してみました。

（1）ソロバンの割算説明・・・項目①
（2）割算を使う日常例・・・・項目②～⑨
（3）度量衡　　　　・・・・項目⑩～⑬
（4）計量幾何　　　・・・・項目⑭～⑯

これらの分類に共通するねらいは、
・日常生活ではどの場面でも割り算は欠かせない
・割算の習熟が必要
ということを目指していることです。

言い換えれば、
・『割算書』はソロバンを使っての日用算の書物
ということになるでしょう。

この流れは、吉田光由著『塵劫記』（１６２７年）に引き継がれていきます。

日常計算の具体例

（1）体積計算その1

図1―1は前掲『割算書』の「物に升かす入次第」からの引用です。

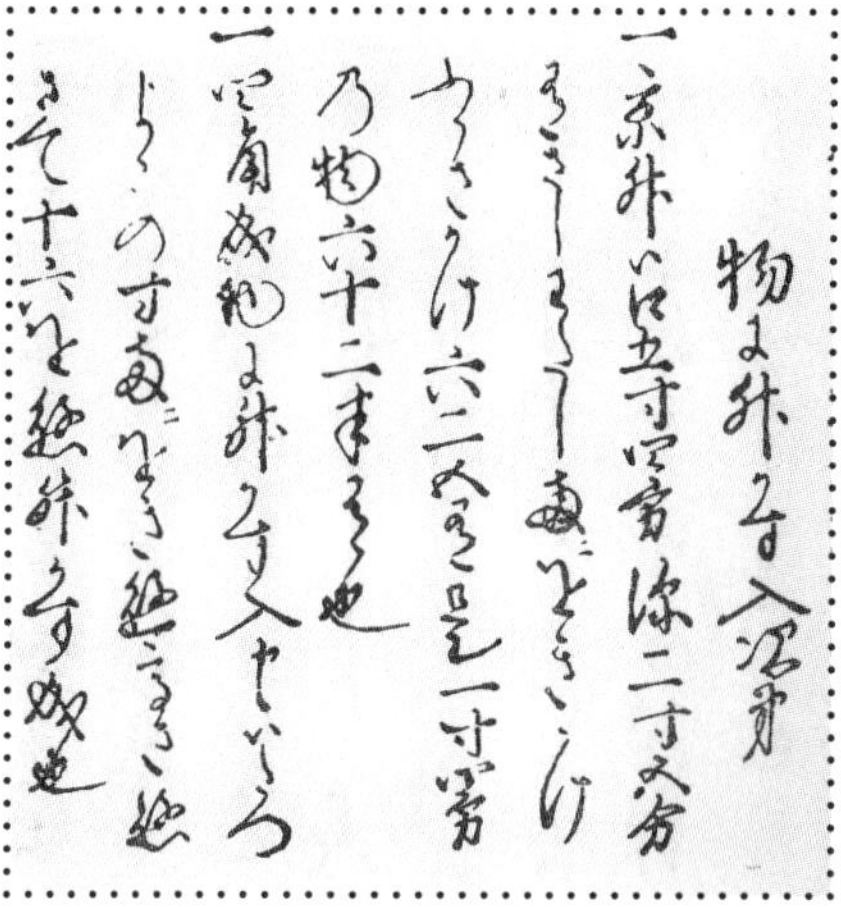

図１－１

物に升かす入次第から　１７頁

図1―1の現代訳

①京升は口五寸四方深二寸五分有
さしわたし両をきかけふかさかけ
六二五有是一寸四方乃物六十二半
わる也(下線「わ」は本文「あ」
の訂正、引用者)

②四角成物に升かす入申候たつよ
この寸両をき懸高さ懸さて十六を
懸升かす成也

図１－２

図１の現代訳筆者作成　なお、番号は筆者添付。

この内容はソロバン計算を前提としての説明になっています。

①は、京枡の説明です。

当時、

・京枡は縦横が5寸、深さが2.5寸

ですから、その体積は、

5×5×2.5＝62.5（立方寸）

です。これが京升の単位となります。したがって、

・縦横高さが1寸四方のものは62.5で割ると升単位

がえられます。すなわち、

・1を62.5で割ると0.016（京升）

となり、升単位に直すには、

・「十六」を掛ける

という事が生まれます。これが②に結びつきます。

②は、四角柱の容積を京升で測る仕方の説明です。

本文では、

・縦×横×高さ×16

として「十六」とありますが、実際は0.016を

掛ける事になります。

そろばん上で、二桁ずらす事になります。

なお、京枡のサイズは、後に変更されます。

（2）体積計算その2

図2―1での例題は、
・正四角錐の体積計算
です。その現代訳は図2―2です。
まず、
・一辺1.5寸の正方形で高さが1.8寸の正
四角柱の体積を京升で量っています。これが、

15×15×18×16

です。ここでは、
・正四角錐の体積ですから、
・直方体の体積を3で割ればよいのですが、
・当時、3ではなく、2.96で割る事
になっていたのです。しかし、
・2.96の割り算が面倒
ですから、

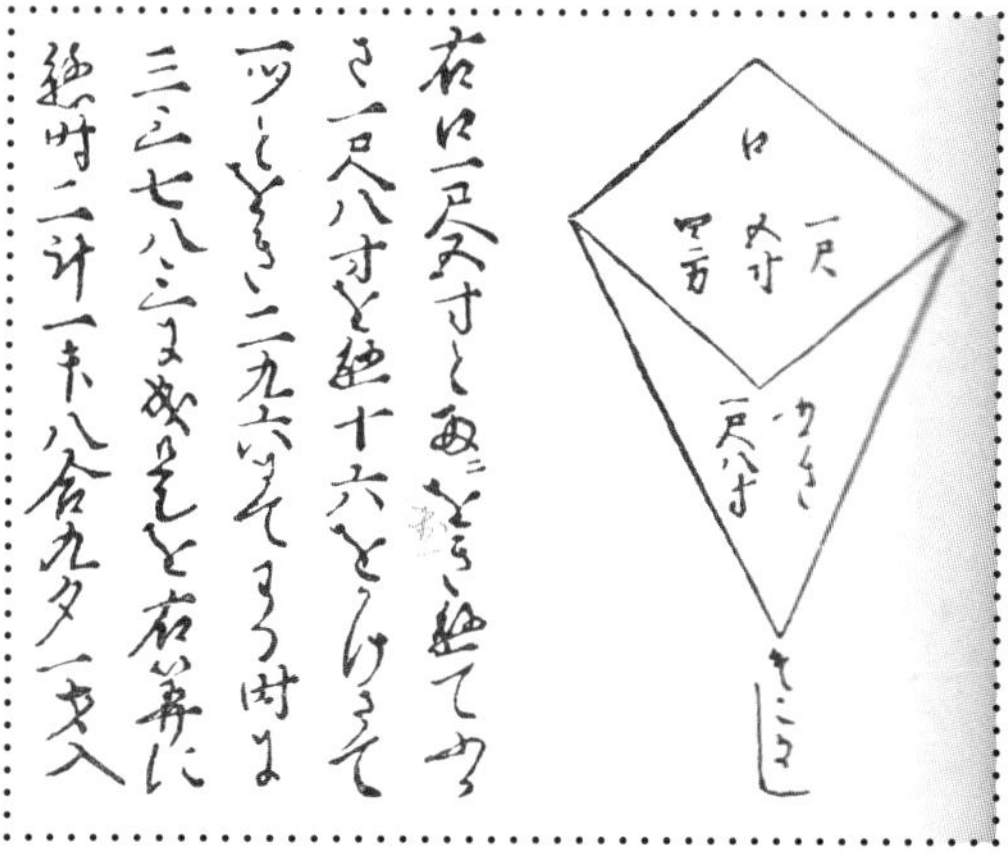

図2－1　物に升かす入次第から　21頁

・掛け算にして計算ができるように、

・1を2.96で割って0.33783・・・を求めています。これが、

・定数33783

というように扱われています。したがって、

15×15×18×16×33783で、数字の並びから、

「二斗一升八合九勺一抄」

になるというのです。実際に計算すると、

15×15×18×0.016÷2.96

＝21.891・・(京枡単位)

になります。

図2―1の現代訳

右に一尺五寸と両をき懸てふかさ一尺八寸を懸十六をかけさて一つとをき二九六にてわる時に三三七八三に成是を右算に懸時二斗一升八合九夕(勺)一才(抄)入

図2－2

(3) 借金の利息計算

図3－1は、元和8年ごろの京都周辺に見られるようなお金の貸し借りの相場です。この現代訳は図3－2です。

さて、ここでは、銀のみの扱いです。

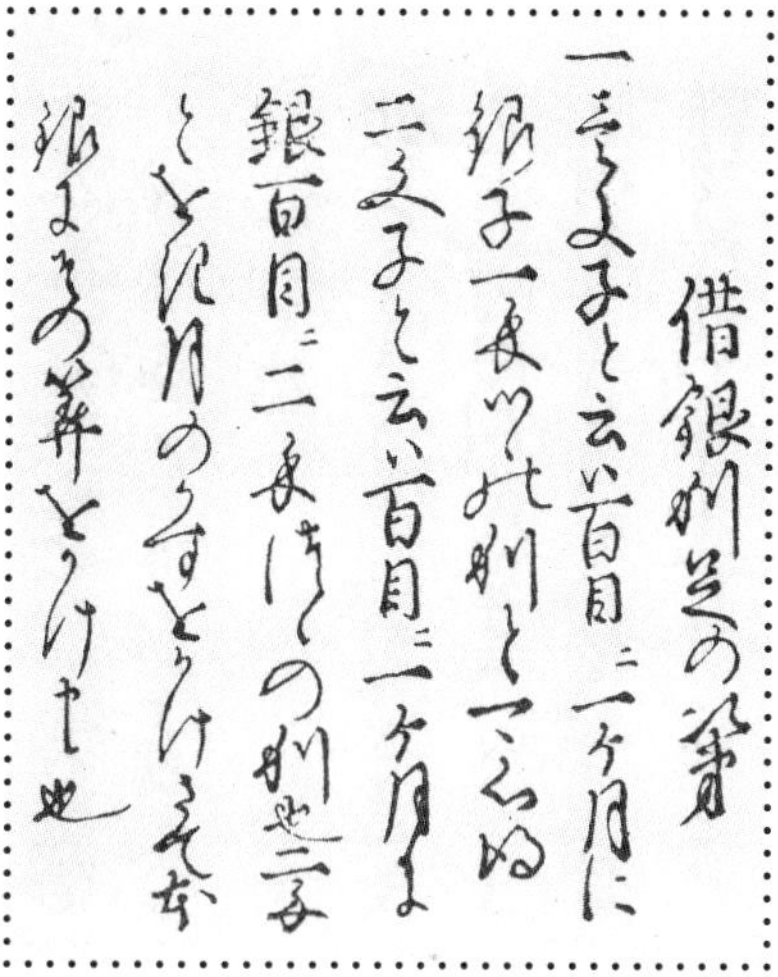

図３－１　借銀利足の次第　26頁

「壱文子」とは、

・銀百匁を１ヶ月借りると１匁の利息がつくのですから

・0.01すなわち１分利息のことを意味しています。

「二文子」とは、

・銀百匁を１ヶ月借りると２匁の利息が

図３―１の現代訳

壱文子と云は百目に一カ
月に銀子一匁つつの利と
可心得
二文子と云は百目に一ヶ
月の銀百目二匁づつの利
也二匁とをき月のかすを
かけさて本銀子にその算
をかけ申候也

図３－２

つくということですから、
・2分の利息のこと
を意味しています。
この計算は、
・「二分の二」に「月の数」を掛ければ利息の計算ができる
ということも付け加えています。

(4) 土地の面積計算

図4―1(次頁)は、土地の面積計算です。その現代訳は図4―2です。
図4―1に掲載されている図のような曲がりくねっている土地では、どこか4箇所
に杭を打ちます。そして
・縦の4箇所を測り、それぞれを合計すると、40間
になります。これを、
・4で割ると10間
になります。
・この10(間)に横68.5(間)を掛けると、685歩。
また、当時、

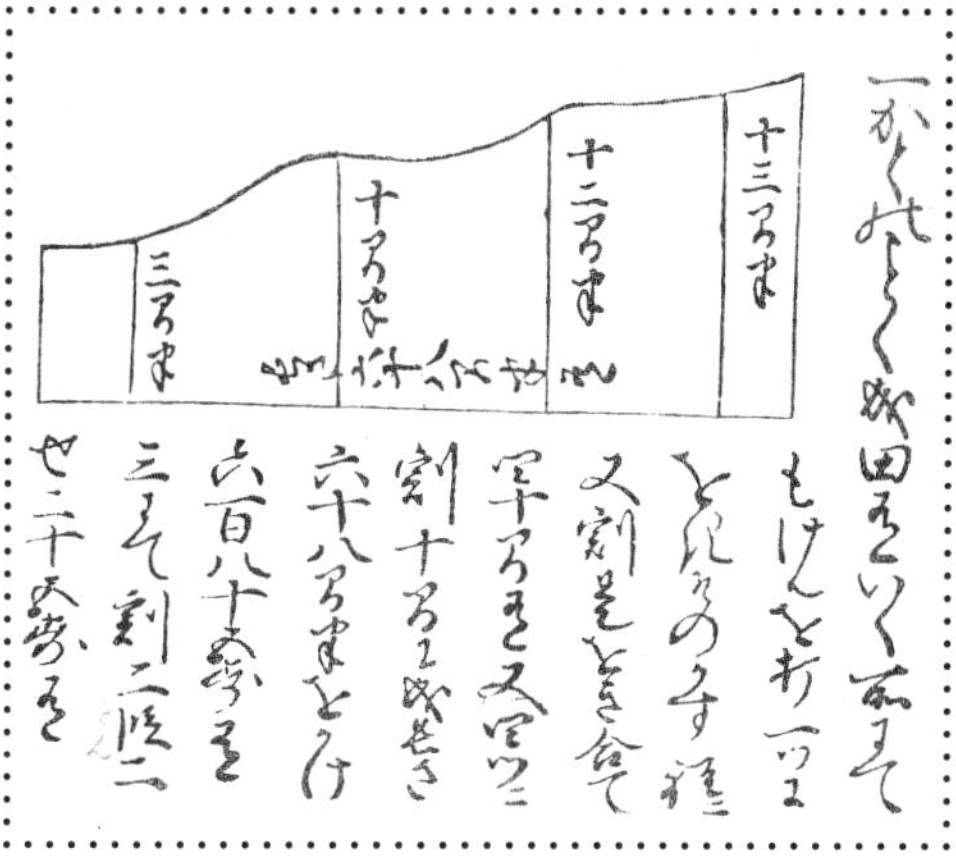

図４－１　検地の次第　３６頁

図４―１の現代訳
かくのことく成田有いく処
にてもけんを打一つにをき
そのかす程又割是をき合て
四十間有又四つ割十間に成
長さ六十八間半をかけ六十
八間半をかけ六百八十五分
有三にて割二段二せ二十五
歩有

図４－２

・１段（反）＝10畝、
・１畝＝30歩（坪）
であったのでしょう。
この換算を生かして、
・６８５を３００で割ると、２（反）であまり85

となります。
　また、
・85を30でわると2（畝）あまり25
となって、
・2段（反）2畝25歩
となります。

　以上のように、図4－1の計算過程を見てくると、
・縦の長さが異なって凸凹になっている
ときは、
・均（なら）す
という視点で計算するということで、この「均す」を現代用語に当てはめると、統計処理でよく使われている、
・平均
に当たります。
　当時、このように
・統計処理に関わるような発想

で土地の面積問題を扱っていたということは、以降の和算の発展に少なからず影響していったに違いありません。

　この点の事例は、次章以降で垣間見られます。

　なお、本章は、「生活数学課外授業」（平成28年（２０１６年）７月３—４日）のミニ講話原稿を修正・加筆して掲載しました。

2016.3.22. セッションの様子

第1章　解見題之法

◆はじめに

本書は、関孝和（寛永19年（1642年）～宝永5年（1708年））の弟子、建部賢弘（1664～1739）たちが纏めたという「三部抄」を考察することで、関孝和の数学の内実の一端を垣間見ることです。

この三部抄は、

①解見題之法
②解隠題之法
③解伏題之法

を指しています。

この「三部抄」が纏められているころは、元禄期（1688～1704）の初期の頃で、まだ関孝和が存命でした。

この頃の日本国内は、江戸文化が華やかな頃でした。そして日本固有の「和算」も、また沢口一之（生存期間不明）が中国の「天元術」をはじめて理解したことが知られ、和算家の関心事を高めていた。この沢口一之が著した『古今算法記』（1671年）に掲載された問題（遺題）の15問を関孝和は挑戦し解答をしたのです。これは『発微算法』（１６７４年）としてまとめられています。この遺題研究が発端となって、関孝和は和算に新しい風を吹き込んでいきます。この新しい風の中身にかかわるのがこれから取り上げようとする「三部抄」です。例えばのちに説明しますが、沢口一之著『古今算法記』に登場する中国産「天元術」の改革です。

天元術は、方眼で仕切られている正方形の盤（算盤）の上で、算木（長さ7〜10センチ程度で切り口が１センチ程度の直方体の木）を使って方程式を解くのです。この点元術を関孝和は筆算式解法（文字方程式の解法）に代えるのです。

これが有名な、

・「点竄術」（傍書法）

です。これらの内容は、これから扱う「三部抄」に登場していますから暫くお待ちください。

また、先に紹介した建部賢弘は、１６７６年（12歳）のとき、関孝和に弟子入りし、のちに、

・「発微算法演段諺解」（１６８５年）

を刊行しています。

このころ、「三部抄」の編集にかかわっていたのでしょう。

そしてまた関流の和算内容の、

・「大成算経」全20巻（1710年完成）は、関孝和と兄の建部賢明の三者で完成していますが、28年を要しているという。
なお、本書では、数理解析研究所（京都大学）講究録の「書き下し文」をインターネットで検索し利用させていただいていることを申し添え、感謝を申し上げます。

それでは、早速、解見題之法の第1頁に目を向けてみましょう。

◆第1節　文字式の加減（加法と減法）

図1―1は、関孝和が著したとされる縦書き漢文調の「解見題之法」（1726年版あり）を書き下し文（原文は漢文）に直した最初の頁です。少々読みやすくなっているでしょう。

図1―1には、どんなことが書かれているのでしょうか。ここに書かれている内容を西洋数学の方式で書いてみましょう。

一行目から見ていくと、

・「加減」とありますから、足し算（加法）と引き算（減法）のことを指しています。

しかし単なる数値計算ではなく、

・「長若干」

・「平若干」

という表現が登場していますから、日本の中学一年生が学習する内容で学校数学用語の、

「文字式」

見題を解く法　凡て四篇

関孝和編

加減第一　併を附す

加減は、題旨に応じて両位相従うは加と謂い、両位相消すは減と謂う。併は加と同じ。

仮如、直あり。長若干、平若干。和を問う。

平を置き、長を加入し、和を得。

仮如、甲若干、乙若干、丙若干あり。相併せたる共数を問う。

甲を置き、乙を加入し、得たる数に又丙を加入し、共数を得。

仮如、直あり。長平の和若干、平若干。長を問う。

和を置き、平を減じたる余り、長を得。

仮如、甲、乙、丙あり。相併せたる数若干、甲若干、乙若干。丙を問う。

共数を置き、甲を減じたる余り、又乙を減じ、余り、丙を得。

図１－１　関孝和編「解見題之法」年代不明

ここでは京都大学数理解析研究所講究録第 1858 巻 2013 年の「書き下し文」を引用。以下同様　2016.2.26 検索

①$4 \times a + (-3) \times b \times c$
②$a \times x + b$
③$cx^2 + 3dx + 4e$

図１－２

に該当するのです。

つまり、図１－１は、

・二つの文字式の加法と減法

を扱っているのです。

けれども、数を表す文字の対象が任意の定数であることを「長若干」「平若干」のように「若干」を使って表現したのです。

この表現は学校数学を学んできている人々にとっては違和感があるでしょう。いままでは数をあらわす文字はアルファベッドのａやｂを使うでしょう。

文字式

それでは文字式とはどんなことかをここであらかじめ説明しておきましょう。

「文字式」とは、数をあらわす文字や数が演算記号（＋、－、×、÷）を使って連結されて一つの式になっている対象です。

この時、二種類の式が登場します。例えば、図１－２①と②③です。いずれも文字式に変わりがありませんが、②や③のようにｘが色々な数をとりうる対象として、

・「変数」

として扱うことがあります。この場合a、b、c、d，eは固定した数を表して、
・「定数」
といい、xの「係数」といいます。また、
・a、b、c、d、eなどが具体的な数になっているとき、「数係数」
・a、b、c、d、eなどが文字であるとき「文字係数」
というように表現します。

次に③では、②と異なってx^2がありますから、xやx^2を区別するために、
・「次数」
という用語が登場します。すなわち、
・②は一次式、③は二次式
と呼称し、このような
・変数を含む式は、「整式」
ていいます。

また、＋や－で連結されているそれぞれの対象は「項」と呼びます。特に変数xを含まない項は「定数項」といいます。

なお、「整式」は第2章以降で扱います。

図１―１の内容

次に図１－１の文言を順に読んでいきましょう。

①「両位相従うは加」とは、二つの文字式を互いに加えること（加法）

②「両位相消すは減」とは、二つの文字式から互いに取り去ること（減法）

③「併は加と同じ」とは、併わせることは加えること

このように加法と減法の説明は「従う」と「消す」という日常語を使って説明し「加」「減」を和算用語として位置付けています。いわゆる「加減」の定義です。

④「仮如」は、例題のこと

⑤「直あり」は長方形

⑥「長若干、平若干。和を問う」とは、縦の任意の長さと横の任意の長さ。これらを加えるという問

⑦「平を置き、長を加入し、和を得る」とは、そろばんでの計算の仕方を説明していて、加え方の順序は長が先で続いて平を加えなさいという

⑧二番目の例題では、三個の文字の甲、乙、丙の加法の説明です。この順番に加えなさいということ

⑨三番目の例題は、長方形の二辺の長と平の和が与えられ、平が任意の時、長を求めなさいという問いで、和から平を引きなさいということ

⑩　第四番目の例題は、三個の数の甲、乙、丙の和が任意の定数で、しかも甲と乙も任意の定数であるとき、丙を求めなさいという問いで、和からまず甲を引きその余りから乙を引きなさい、その余りが丙です

以上が図1―1の内容です。これらの内容は、前述したように、いまの中学校数学一年次教科書に出てくる内容です。

言い換えれば、

・算数から数学へと内容が飛躍する第一歩に当たる「代数」の内容

と言えるでしょう。

◆第2節「分」と「合」

分合第二 添、削、化を附す

分合は、術意に依り、正負と段数を画(えが)きて、加減相乗する者の名を傍書し、宜しくこれを分かち、これを合わす。

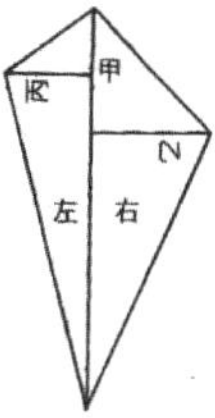

仮如(たとえば)、四不等あり。甲若干、乙若干、丙若干。積を問う。

分術は、甲を置き、乙を以って相乗し、二段の右積 |甲乙 を得。甲を置き、丙を以って相乗し、二段の左積 |甲丙 を得。二積相併せ、これを折半し、積を得。

合術は、乙を置き、丙を加入し、共に得たる数に甲を以って相乗し |丙甲|乙甲、これを折半し、積を得。

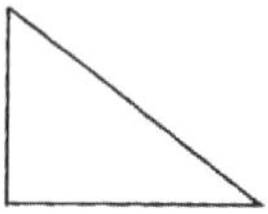

仮如、勾股あり。勾若干、股若干。勾股和の冪を問う。

分術は、勾自乗一段 |勾巾、股自乗一段 |股巾、勾股相乗二段 ||股勾、三位を相併せ、和冪を得。

合術は、勾を置き、股を加入し、共に得たる |股|勾 を自乗し、和

図2－1

図2―1の本文を読んでいきましょう。
まず、初めの2行に目を向けてみましょう。

「分合は、術意に依り、正負と段数を画きて、加減相乗ずる者の名を傍書し、宜しくこれを分かち、これを合わす」

この引用文で注目することは、「傍書」という用語です。そして「加減相乗ずる者の名」というところです。このことは演算する対象を書くということですから、数のように見えますがそれだけではないことが「正負と段数を画き」ということで分かります。ここで「段数」ということは、学校数学で説明すると、たとえば2aの2、3xの3のような文字係数に添えられる数です。
つまり、図2―1で扱う対象も、数を表す文字の式ですから「文字式」です。そして、
・文字係数と次数について説明している
というのが、引用分の一行目の、
・「正負と段数を画き」
です。
続いて、

①　|甲乙
②　|丙甲　|乙甲

図2－2

・「加減相乗ずる者の名を傍書し」
とは、
・数を伴った文字係数のこと
で、例えば図1―2での3dなど、
・文字式で加減乗除の対象になる文字と数
を表すために、
・「傍書」しよう
というのです。

この「傍書」の説明は、図2―1の例題に見られます。その例題の内容を見ましょう。すると、図2―2のような表現が出てきます。これらのうち縦棒は数（数値）を表し、算木を模倣（もほう）しています。

（1）第1番目の例題

例題の冒頭に「四不等」とありますが、図示されているような不等辺四角形を指しています。この四角形は縦線で縦に二つに分割されています。

①「積を問う」ということから、この例題は四角形の面積計算です。

②「甲若干、乙若干、丙若干」とありますから任意の定数。そろばんを使ってい

ますから、量ではなく「数」です。

③「分術」の内容は、四角形を二つに分けていますから右側の三角形と左側の三角形にわけて、甲と乙を掛け算します。これが図２―２の①です。また、甲と丙の掛け算をします。この二つの結果を足して「折半」する、すなわち二で割るのです。

④「合術」は、乙と丙を加えて、その結果に甲を乗じます。これが図２―２の②です。そして折半する。

このようにして面積を求めるという場面で文字計算を説明しています。

傍書法

今の説明のなかに登場している図２―２に注目したいのです。この式表現こそ関孝和が開発したという傍書法です。

図２―２の①を見ましょう。これは文字式であって甲と乙が数を表す文字で、棒線が数を表していますから、文字式での「係数」です。いまの学校で習っている数学は西洋育ちですから、甲とか乙とかの表現はありませんから、甲がaで、乙がbに当たりますから、

①は ba

を表します。また。図２―２の②は、加法表現が横に並べるという決まりなので、右

が優先で
②は 1ab ＋ 1ac
を表します。
これらの傍書法は次の例題にも現れています。

（２）二番目の例題から

①「勾股（こうこ）」は、
・直角三角形のこと
を表します。ここには直角三角形の図形が添えられています。
・斜辺は「弦」
といます。また、
・斜辺を除く二辺のうち短い方を「勾」
・斜辺を除く二辺のうち長い方を「股」
といいます。
②「勾若干、股若干。勾股和の冪を問う」は、
・斜辺を除く二辺が任意の定数であるとき、それらの和の二乗の計算をしなさい
という設問です。

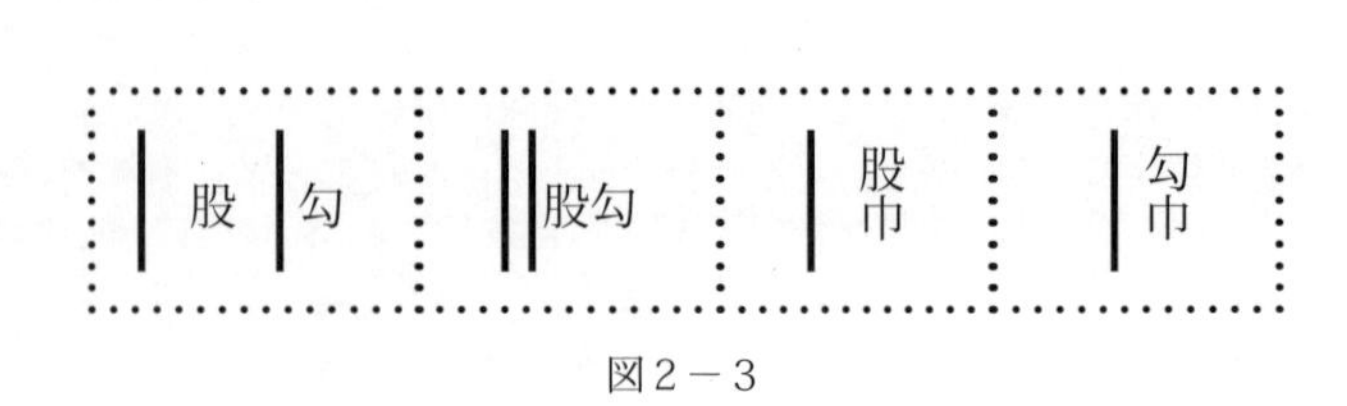

図2－3

③「分術」は次のように計算することです。

・「勾自乗一段」

・「股自乗一段」

・「勾股相乗二段」

を求めて、

・「三位を相併せ」

ということで解答が得られるというのです。

学校数学でいえば、

・$a^2 + b^2 + 2ab$

のことです。

④「合術」は次のように計算することです。

・「勾を置き、股を加入し、共に得たるを自乗し、和冪を得」

とありますから、

・二辺の和を二乗する

ことです。すなわち、

・$(a + b)^2$

を指します。なお、ここに登場している傍書法は、図2—3です。

これらを学校数学表現にすると図２―４になります。

図２―２の傍書を学校数学に対応して右側 から書くと、次のようになります。

a^2

b^2

$2ab$

$a+b$

図２－４

続いて、図３―１に移りましょう。

◆第3節　「添」と「削」と「化」

図3—1に登場する傍書法を見ていきましょう。

添

多位にして正負同じき者は、これを添え、寡位と為す。

仮如、 [|方巾 |斜巾] **はこれを** [|||方巾] **と添う。**

仮如、 [|勾巾 |股巾 |玄巾] **はこれを** [||玄巾] **と添う。**

削

多位にして正負異なる者は、これを削り、寡位と為す。

仮如、 [|||方巾 ∤斜巾] **はこれを** [|方巾] **と削る。**

図３－１（続きは図３－７）

図３―１の「添」の最初の例題に登場する図形は、直角二等辺三角形（正方形を二分したような図形）です。この一辺の平方を扱っています。

したがって。図３―２と図３―３のような表現があって、その内容は図３―４です。

図３－３　図３－２

図３－１の最初の例題解説

「方」は正方形の一辺で、「斜」は正方形の対角線を表す。

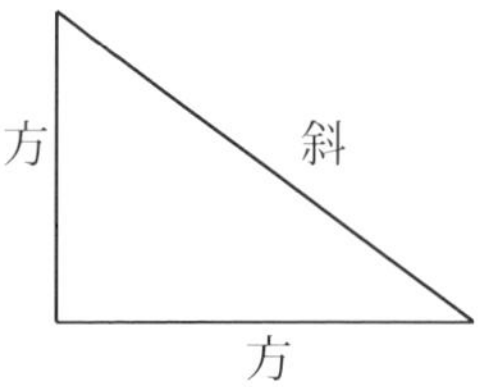

方　斜　方

|方＝１・aとすると、|方巾＝１・a^2

であるから、三平方の定理で、

|斜巾＝a^2＋a^2＝２a^2

だから、

|斜巾 |方巾

＝２a^2＋a^2＝３a^2

すなわち、|||方巾

図３－４

二番目の例題も、「添」の例です。
ここでの対象図形は不等辺の直角三角形です。この例題の内容は図3―5のようになります。

| 勾巾 | 股巾 | 弦巾

上の傍書法の意味は次のようになります。

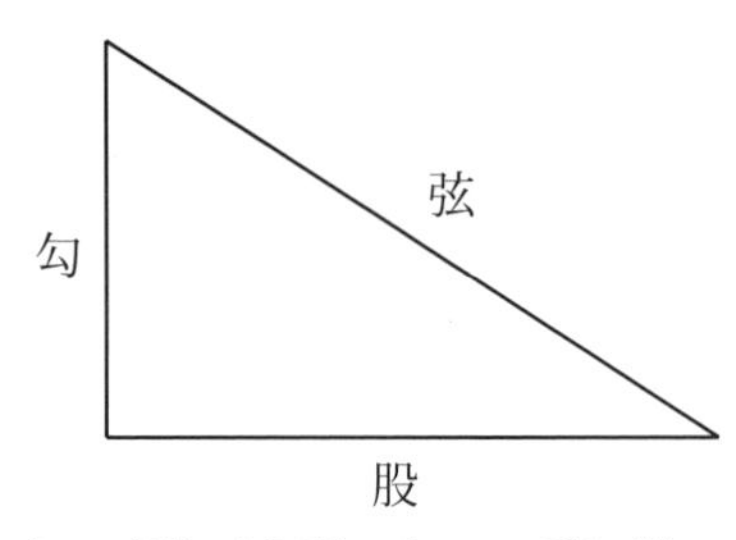

　題意から、直角三角形の勾の二乗に股の二乗を加え、さらに弦の二乗を加えます。ところが、三平方の定理から、勾の二乗に股の二乗を加えると弦の二乗になりますから、したがって題意は弦の二乗の二倍になります。すなわち、

‖ 弦巾

となります。

図3－5

三番目の例題は「削」の例です。
図形の対象は、直角二等辺三角形です。その説明内容は、図３―６です。

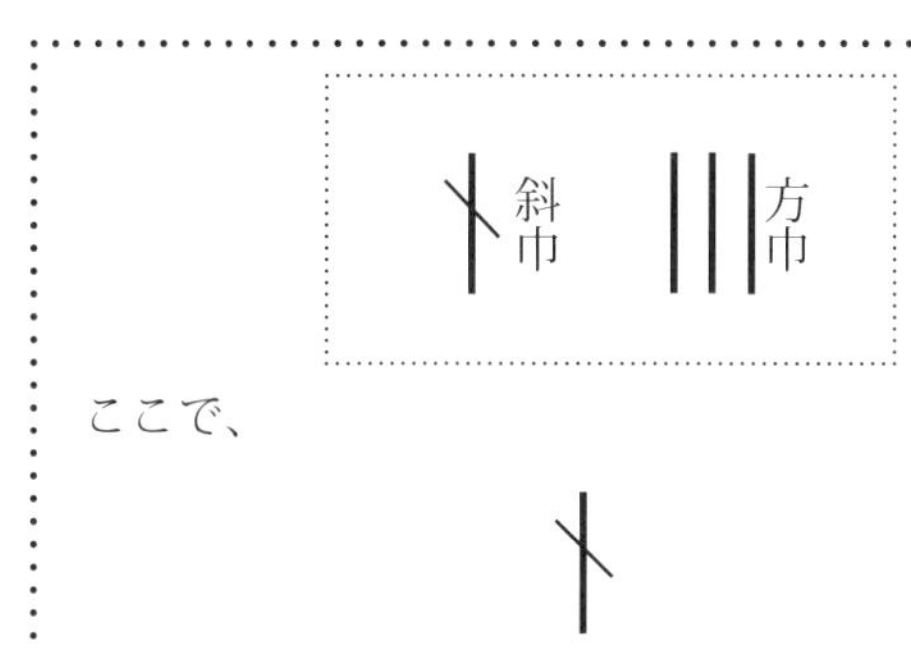

ここで、

は「引く」の記号あるいはマイナス記号を表す。したがって、方の二乗の３倍から、斜の二乗を引くことになります。ところが、直角二等辺三角形ですから、斜の二乗は三平方の定理を使って、方の二乗の二倍ですから、

方巾

になります。

図３－６

次に図3—7に目を向けましょう。

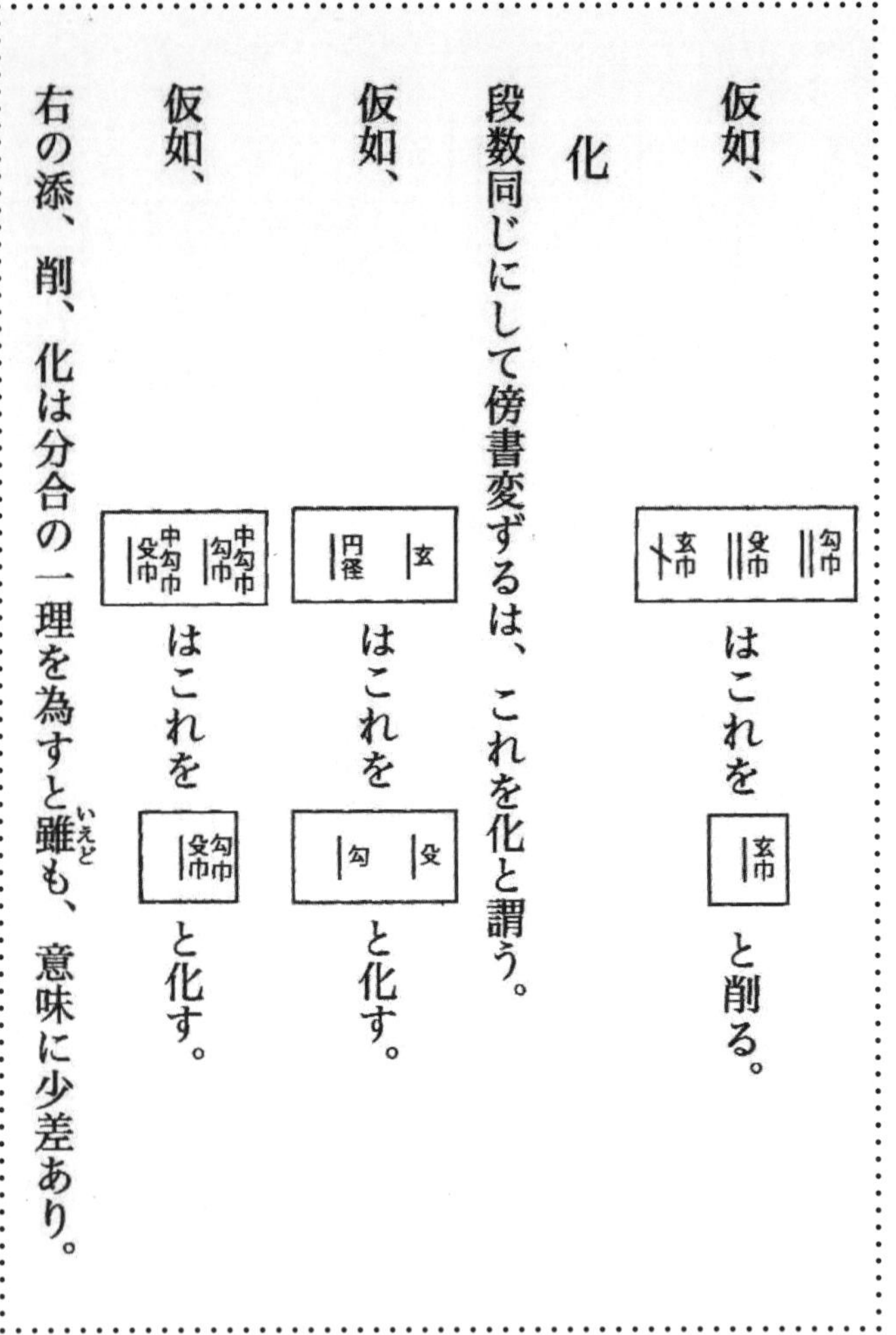

図3－7（(図3－1の続き)

図３―７の最初に登場する例題は、「削」の続きの例です。

・勾巾の２倍と股巾の２倍の和から弦巾を引く

ということです。

ところが、

・弦巾は、三平方の定理から、勾巾と股巾の和

ですから、

・残りは、勾巾と股巾の和

となり、

┃弦巾

勾巾 ‖　股巾 ‖　弦巾 ┼

図３－８

ということになります。

次に図３―７の二番目に登場する例題は、「化」の最初の例です。

この例題は、「円径」と「弦」の和です。「円径」は直角三角形に内接する円の直径です。「弦」は直角三角形の斜辺です。そしてこの例題では、「円径」と「弦」の和は、他の二辺の和に化ける(ば)というわけです。本当に化けるのでしょうか。

確かめる過程を示したのは、図３―８です。直角三角形とその内接円との関係から得られる性質を使いましたが、この証明を割愛して、本文の正しさを証明する過程の

みを書いてみました。

図３－７の「化」の最初の例題

例題　直角三角形に内接する円の直径と斜辺の和は、斜辺を除く二辺の和である。

証明）図のようにＡＢ、ＢＣ、ＣＡの接点をそれぞれＬ、Ｍ、Ｎとする。

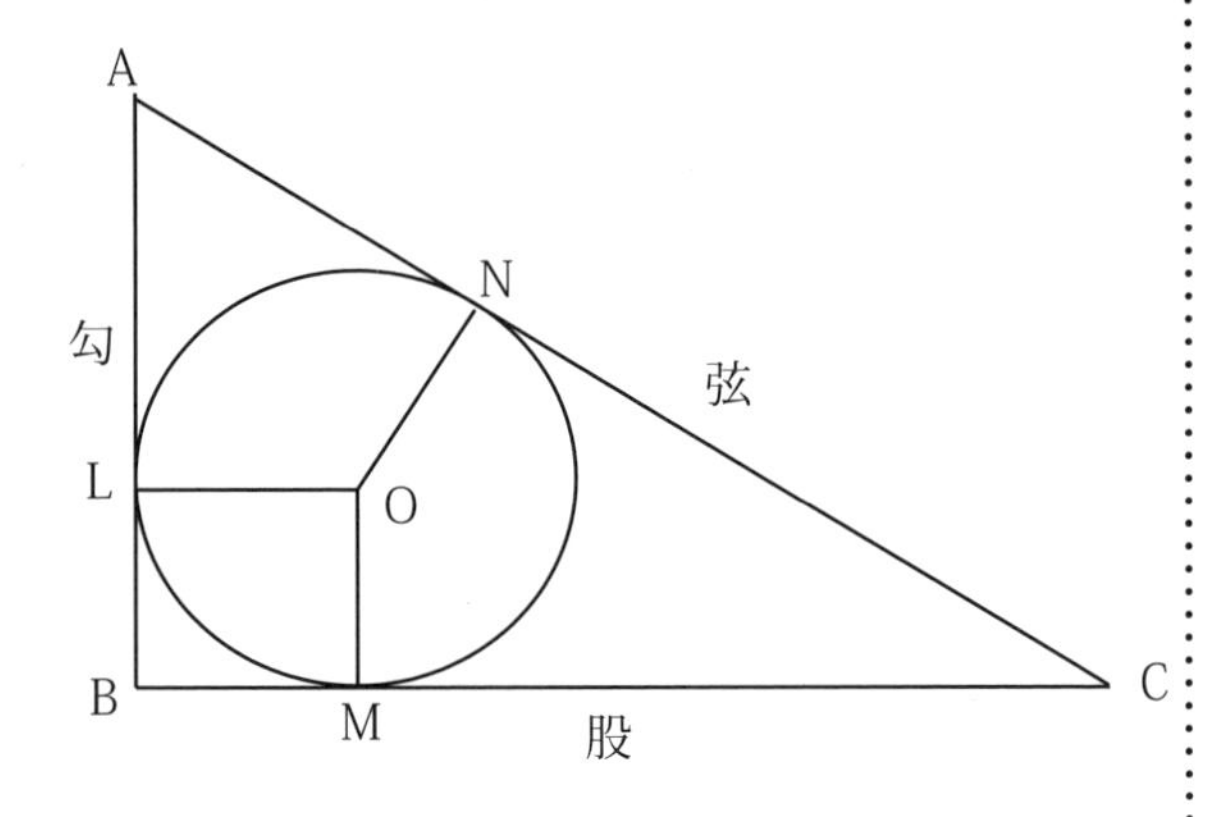

　ＡＣ＝ＡＮ＋ＮＣ＝ＡＬ＋ＣＭ　　　　・・・①

　円の直径＝ＯＭ＋ＯＬ＝ＬＢ＋ＭＢ　・・・②

ここで　①＋②とすると、

　ＡＣ＋円の直径＝ＡＮ＋ＮＣ＋ＯＭ＋ＯＬ

　　　　　　　　＝ＡＬ＋ＬＢ＋ＣＭ＋ＭＢ

　　　　　　　　＝ＡＢ＋ＢＣ

したがって、題意は満たされました。

図３－８

中勾巾とは

次のような直角三角形において、「勾」をａ、「股」をｂとする。

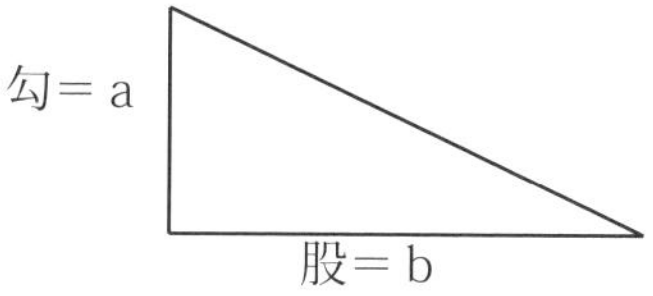

題意から、中勾巾をｘとすると、次の式が成り立つ。

$$a^2x + b^2x = a^2b^2$$

したがって、次のような式が得られる。

$$x = \frac{a^2b^2}{a^2 + b^2} = \frac{1}{\frac{1}{a^2} + \frac{1}{b^2}}$$

図３－９

次に「化」の二番目の例題です。

ここには珍しい用語が登場しています。

・「中勾巾」

です。「勾」とあるので直角三角形を指すことが分かりますが、どんなことかわかりません。そこで題意の説明をもとにすると、図３―９です。

つまり、

・中勾巾とは勾巾と股巾の積を和で割ること

ということになるでしょう。

このように解釈をすると、「化」の二番目の例題内容の意味は化けているのです。

◆第４節　「全乗」

ここで、今までの復習をしておきましょう。
関孝和の「傍書法」とは、図４の①〜④などです。

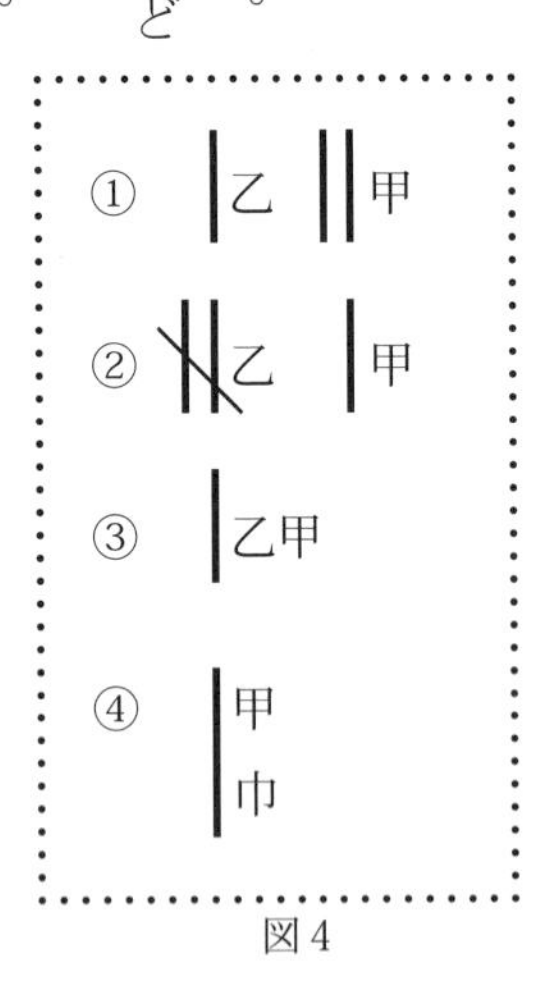

図４

学校数学で言えば、文字式表現のことです。
①は、$2a + b$ の表現（本来は右が先で左が後です）
②は、$a - 2b$ の表現
③は、$a \times b$ の表現
④は、a^2 の表現
次に「勾股弦」は、直角三角形あるいは三平方の定理を表します。
・「勾」は鈎や鉤の略で直角三角形の一番短い辺を表す
・「股」は直角三角形の勾の次に長い辺
また「方」は、正方形や立方体を表す。あるいはそれらの一辺を表すこともあります。
それでは、図５―１（次頁）の意味を考えましょう。

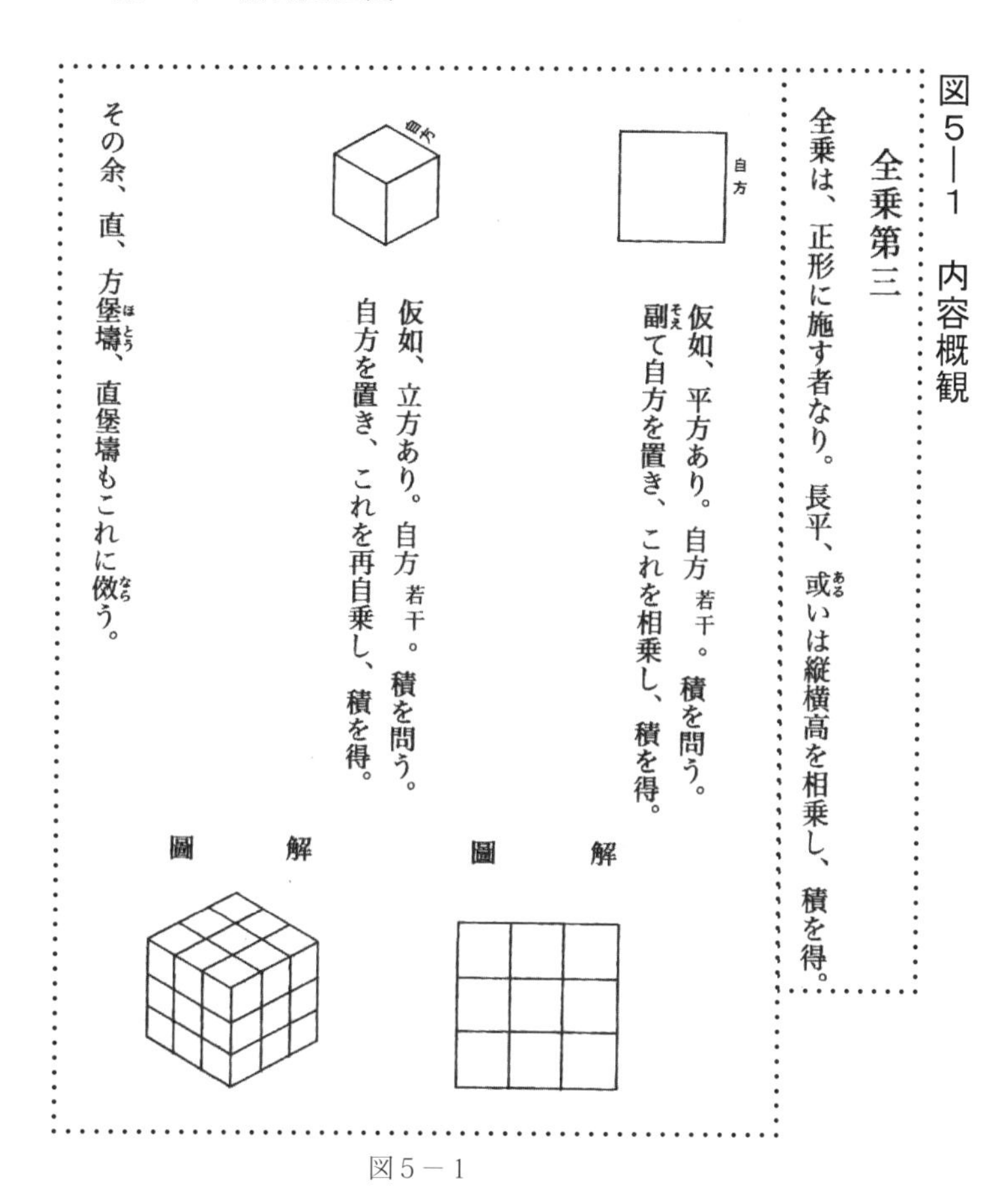
図５—１　内容概観
全乗第三
全乗は、正形に施す者なり。長平、或いは縦横高を相乗し、積を得。
自方
仮如、平方あり。自方若干。積を問う。
副て自方を置き、これを相乗し、積を得。
自方
仮如、立方あり。自方若干。積を問う。
自方を置き、これを再自乗し、積を得。
その余、直、方堡壔、直堡壔もこれに倣う。
圖解
圖解

図５－１

図5―1の「全乗」とは、正方形とか立方体などを対象として、「長平、或いは縦横高」のみを使うだけ、すなわち縦横あるいは縦横高さなどを相互に乗ずるだけで面積や体積が求められる場合を扱うということです。そうでない場合は、次の「折乗」（図6―1）になります。

第一番目の例題は、「平方あり」「積を問う」ですから、正方形の面積の求め方です。

・「自方」とは正方形の一辺を指す。

・「自方若干」が正方形の一辺が任意の定数であることから、

「二つの自方を置いて（ソロバン場面！）共にかけあう」ということで、二辺の掛算で「積」（面積）が得られます。

第二番目の例題は、立方体の体積の求め方です。

ここ登場する「積」は体積を指します。

・「再自乗」は三乗すること

ですから、一辺の三乗で体積がえられます。

「その余」は、他の類似図形の紹介で図5―2です。

・「直」は、長方形（矩形）

・「方堡壔」は、上下が正方形の直方体

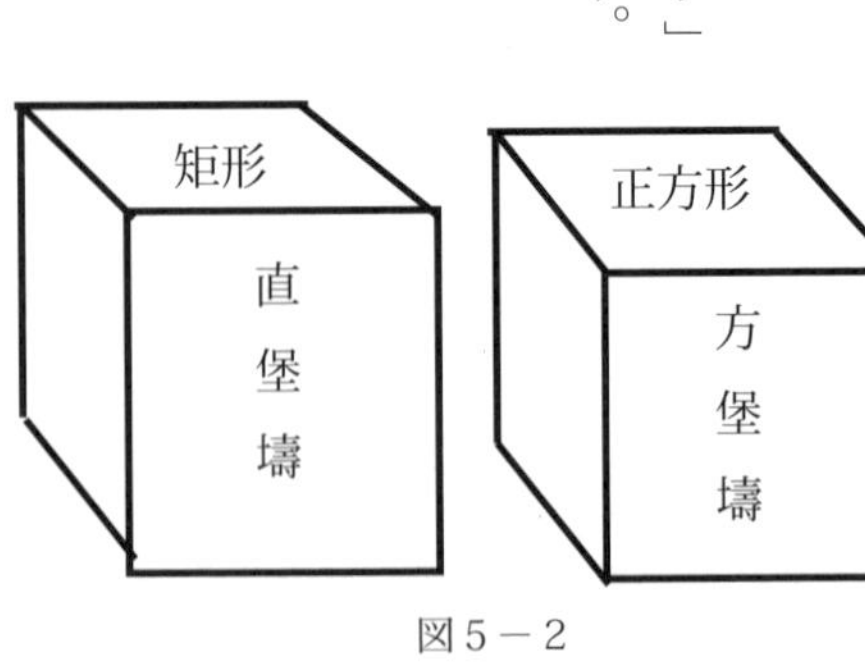

図5－2

・「直堡壔」は、上下が長方形（矩形）の直方体

2016.4.26.. セッションの様子

折乗第四

折乗は、変形に施す者なり。変形して方なる者は、長闊、或いは縦横高を相乗して得たる数、その形の変に随いてその法を以ってこれを約め、積を得。

仮如、勾股あり。勾若干、股若干。積を問う。

勾を置き、股を以ってこれに相乗し、得たる数これを折半し、積を得。

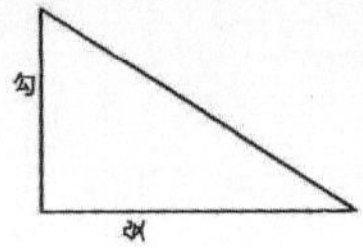

解圖

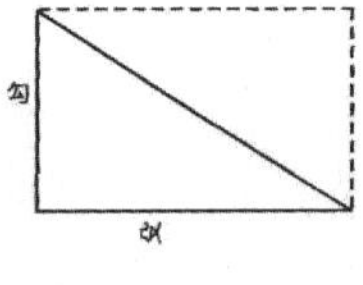

勾　股

仮如、梯あり。大頭若干、小頭若干、長若干。積を問う。

小頭を置き、大頭を加入し、共に得たる数、長を以ってこれに相乗し、得たる数これを折半し、積を得。

勾　股

大頭　小頭

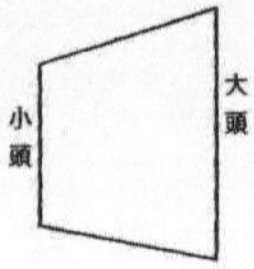

図6－1

図６―１の最初の「折乗」は、「全乗」に対する言葉です。
・折乗とは、縦と横、高さなどを掛けて、ある数で割ったりする場合の計算を指します。
次に「長闊（ちょうかつ）」という耳慣れない言葉が登場しています。辞書で調べてみると、
・「闊」とは、「間が広く開いている状態のこと」（漢字源　学研ｅｘ―ｗｏｒｄ）ですから、「長闊」は、次のような形状の図形を指すでしょう。
・長闊とは、横長で間口が広い形の図形。三角形、台形
次に、第一番目の例題は直角三角形の面積の求め方です。直角を挟む二辺のうちの短い方の勾と、股が既知のときは、その面積は勾に股を掛けて二で割ることで求められると説明しています。この図が図６―１の下側にあります。

第二番目の例題では、「梯（てい）」が対象で、台形のことです。ここには、台形の図が登場していますが、今の学校数学ではこの図形を90度時計回りに回転し扱っています、
・「小頭」は上底、「大頭」は下底に該当する
ようになります。また、図６―１の図を見ると、「長」が高さに当たるので、
・大頭と小頭と長が任意の定数のときの「梯」の面積は、
・小頭に大頭を加え、これに長を掛けて二で割ることで求められる
と説明しています。そして図６―２（次頁）の右下に説明図があります。

それでは、図6—2を見ましょう。

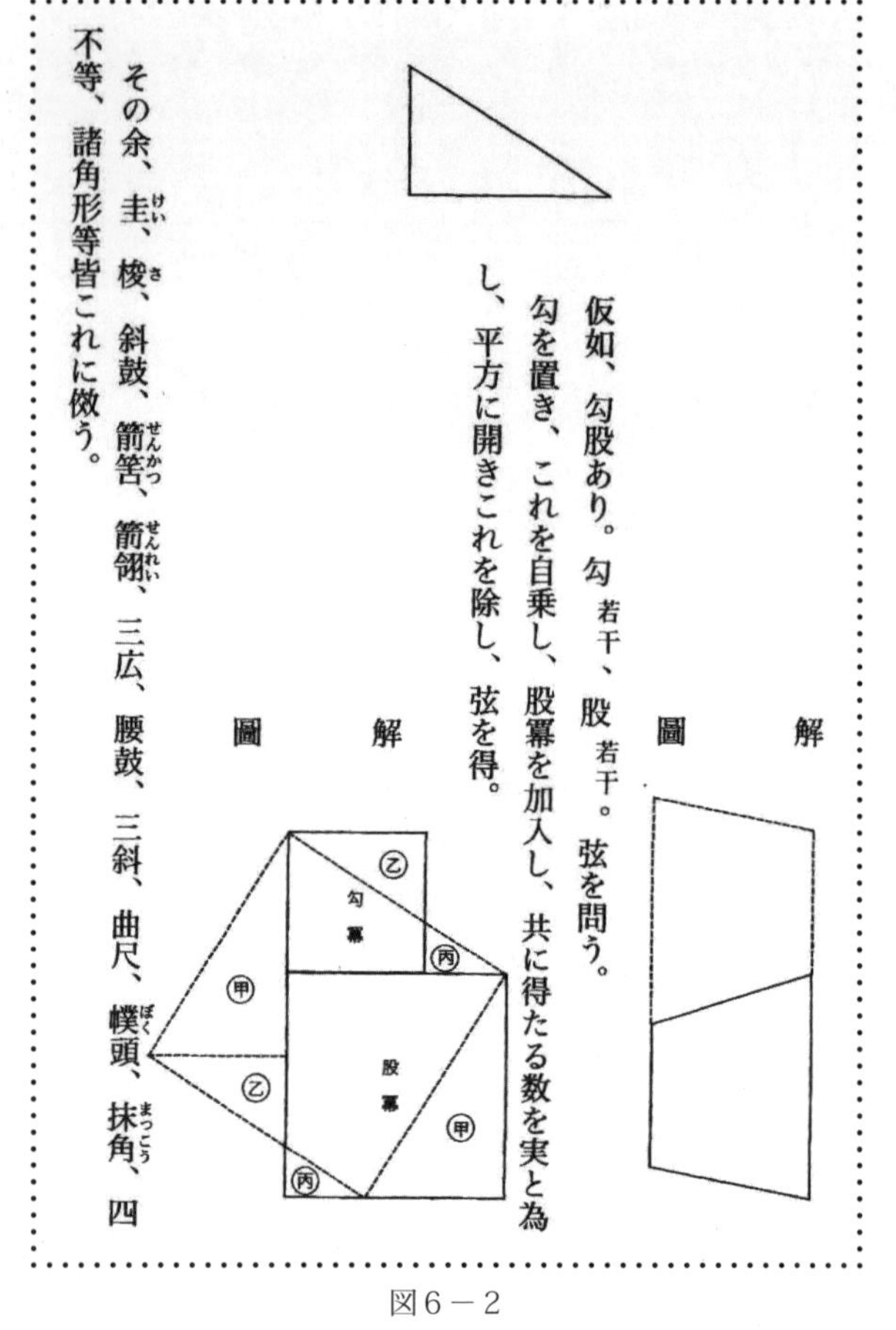

仮如、勾股あり。勾若干、股若干。弦を問う。

勾を置き、これを自乗し、股冪を加入し、共に得たる数を実と為し、平方に開きこれを除し、弦を得。

その余、圭、梭、斜鼓、箭筈、箭翎、三広、腰鼓、三斜、曲尺、幞頭、抹角、四不等、諸角形等皆これに倣う。

図6－2

図6—2の例題は、「勾股弦」（直角三角形）についてです。

・「三平方の定理」（ピタゴラスの定理）の証明が登場しています。これは珍しいでしょう。

その証明は、

・面積を使っての図解証明

ということになります。この図解証明では、

・図形の移動と面積移動は不変である

という捉え方に立っているでしょう。

続いて例題の内容は、「勾」と「股」が共に既知のとき、「弦」（斜辺）を求めようということです。ここに「三平方の定理」が使われています。

・「勾幕」・・・勾を一辺とした正方形の面積

・「股幕」・・・股を一辺とした正方形の面積

が登場し、

・「勾幕」と「股幕」の和

を求め、

・和を「実」にして「平方に開き」

とありますから、

・正の平方根

を求めることです。

続いて「その余」として、次の図形を紹介しています。

「圭、梭（おさ）、斜鼓、箭筈（せんかつ）、箭翎（せんれい）、三広、腰鼓、三斜、曲尺、幞頭（ぼくとう）、抹角（まっこう）、四不等、諸角形等皆これに倣う」

これらの図形のうち、図に表現した方が分かり易いのは、図6―3、4、5、6で取り上げました。（引用文献・平山諦著『関孝和』恒星社　昭和49年114頁）

図6－3

・「圭」・・・二等辺三角形
・「梭（おさ）」・・・ひし形
・「鼓」・・・二つの台形をあわせる（図6―3）
・「箭筈（せんぜつ）」・・・二つの台形をあわせる（図6―4）
・「箭翎（せんれい）」・・・図6―4
・「腰鼓」・・・二つの台形をあわせる（図6―5）
・「三広」・・・図6―5で平行の二辺の長さが違うもの
・「三斜」・・・一般の三角形（なお、三角は正三角形をさす）
・「曲尺」
・「幞頭（ぼくとう）」・・・図6―6
・「抹角（まっこう）」・・・正方形の一つの角を切り取った形

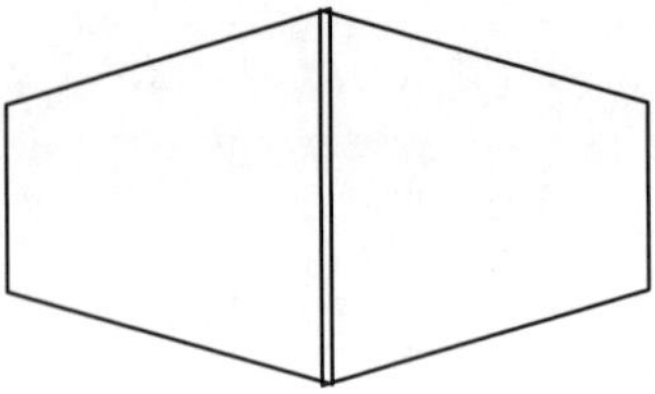

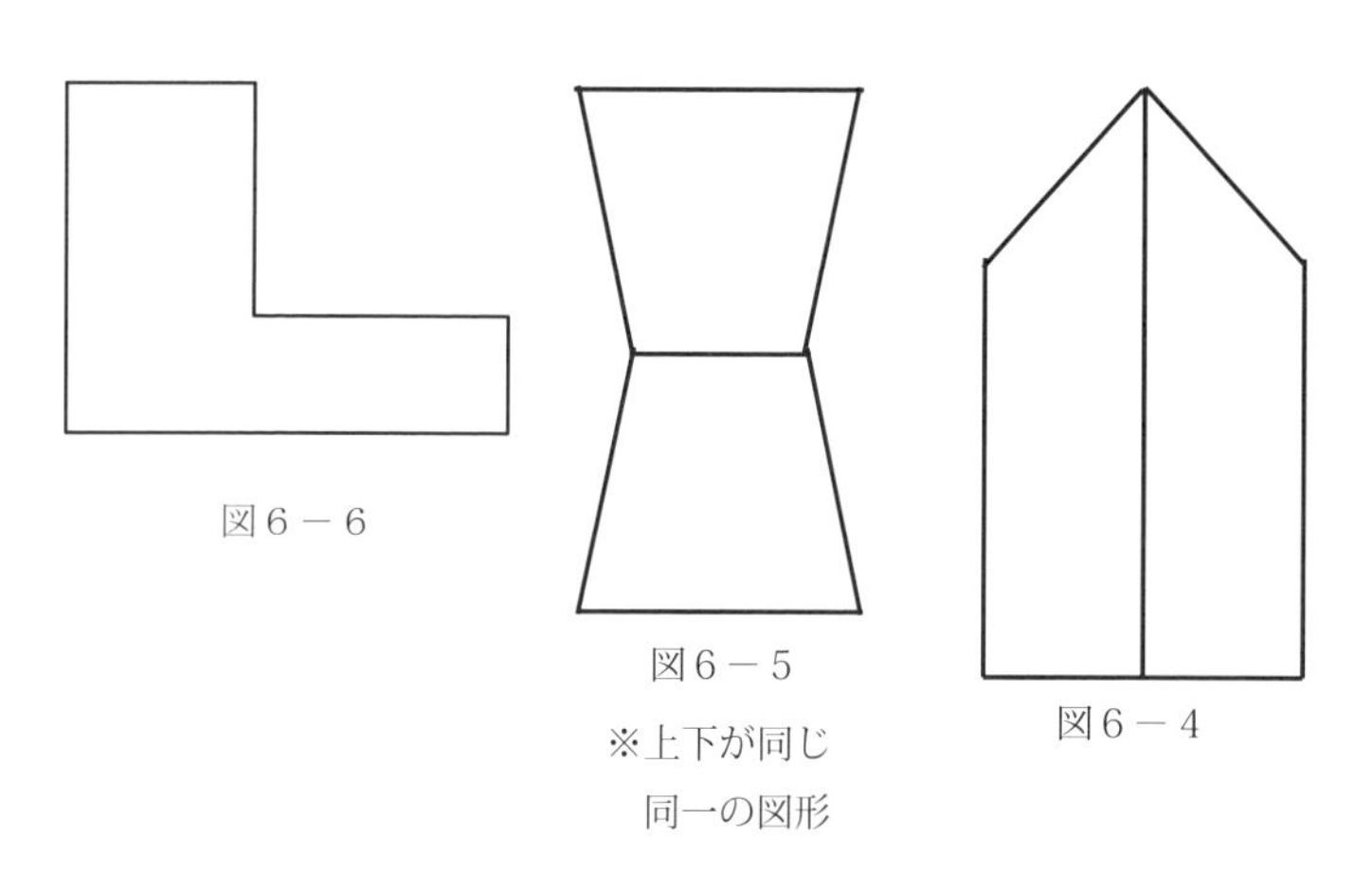

図６－６

図６－５

※上下が同じ
同一の図形

図６－４

2016.5.24. セッションの様子

◆第6節「方錐」（正四角錐）問題

次に図7―1について考えて見ましょう。

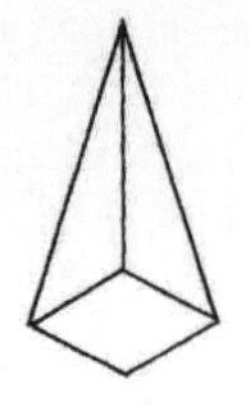

仮如、方錐あり。下方若干、高若干。積を問う。
下方を置き、自乗し、高を以ってこれに相乗し、得たる数、三を以ってこれを約し、積を得。

解術。方の二分の一を横と為し、方一箇を縦と為し、高の二分の一を高と為し、三位を相乗せば、則（すなわち）、方冪と高相乗の四分の一。これ直堡壔積すなわち四分の三方錐積なり。課分術に依り、方冪高相乗は三段の方錐積なるを得。全積八分の一を甲積と為し、全積三十二分の一を乙積となす。全積のうち甲積一段と乙積四段を減じたる余り直堡壔積を得れば、則（すなわち）、全積の四分の三なり。

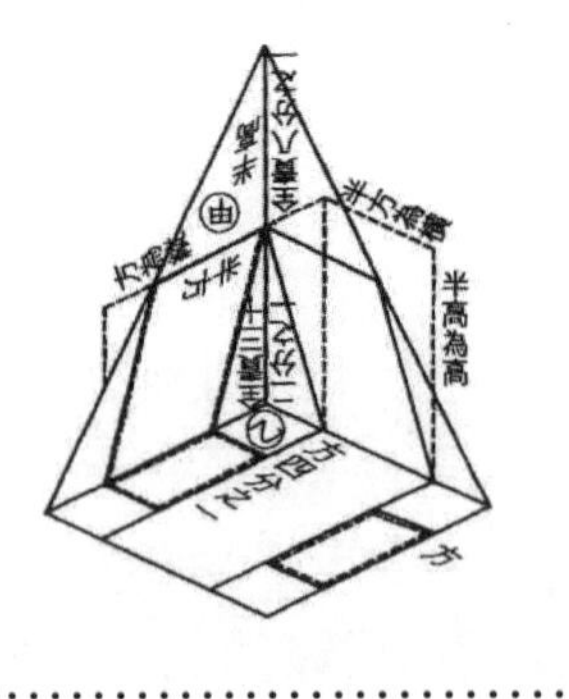

図7－1

「方錐」とは

・底面が正方形の錐体（角錐）のこと

です。

図7—1の最初の3行は、この「方錐」の体積計算の説明です。

そこで、説明文をいまの学校数学で書き直して錐体の体積の計算の仕方を見よう。

・「下方若干、高若干」とは、底面の正方形の一辺と高さが与えられていること

・「下方を置き、自乗」とあるから、底面の正方形の一辺のaとすると、a^2

次に「高」をhとする。

・「高を以って相乗し」とあるから、a^2h

・「得たる数、三を以ってこれを約し」とあるので3で割ると

$$\frac{1}{3}a^2h$$

となります。この「三を以ってこれを約し」に注目したいのです。

当時すでに、

・角錐の体積は角柱の三分の一である

ということを既知としていたことになりますから、ちょっとびっくりです。

次は「解術」の文章です。これを学校数学で表現すると図7—2になります。

（1）解術から課分術の直前までの4行の内容

「方」をaとし、「高さ」をhとすると文面に沿って式表現すると、次のようになります。

$$\frac{1}{2}a\times a\times\frac{1}{2}h=\frac{1}{4}a^2h=\frac{3}{4}\times\frac{1}{3}a^2h$$

（2）「課分術」以下の内容

①底面の正方形の一辺（「方」）をaとする。高さをhとする。「方冪高相乗」だから、a^2h

$$a^2h=3\times(\frac{1}{3}a^2h)$$

②「全積八分の一を甲積」

$$(\frac{1}{2}a)^2\times\frac{1}{2}h=\frac{1}{8}a^2h$$

③「全横三十二分の一を乙積」

$$(\frac{1}{4}a)^2\times(\frac{1}{2}h)=\frac{1}{32}a^2h$$

④　結果体積は次の通りです。

$$a^2h-\frac{1}{8}a^2h-4\times\frac{1}{32}a^2h=\frac{3}{4}a^2h$$

図7－2

◆第7節　「方切籠」（ほうきりこ）

次の図８―１は、方切籠の体積計算です。

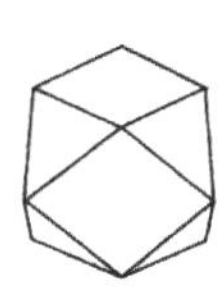

仮如、方の切籠あり。毎方若干。積を問う。
方を置き、これを五自乗し、五十を以ってこれに乗じ、得たる数を実と為す。九を以って廉法と為し、平方に開きこれを除して積を得。

図８－１

方切籠(ほうきりこ)とは
・立方体の各辺の中点を結んで出来る八隅を切り落とした立体のことです。

図８―１には、方切籠の一辺を使って、この体積の計算結果が出ています。
計算の順序は、次のように説明しています。
①「方を置き」とは、方切籠の一辺を表す数
②「五自乗」とは、６乗のこと

③「五十を以ってこれに乗じ」
（「得たる数を実と為す」の「実」は被除数にすること）
④「九を以って廉法となし」
（「廉法」とは、廉で実を割ること）
⑤「平方に開き」
こうして求めた体積は次のようになります。

$$\frac{1}{3}\sqrt{50a^3}$$

この計算過程①～⑤は、学校数学で表記すると図8―2になります。
方切籠の一辺をaとしましょう。
結果はaを使って書くことが出来ます。

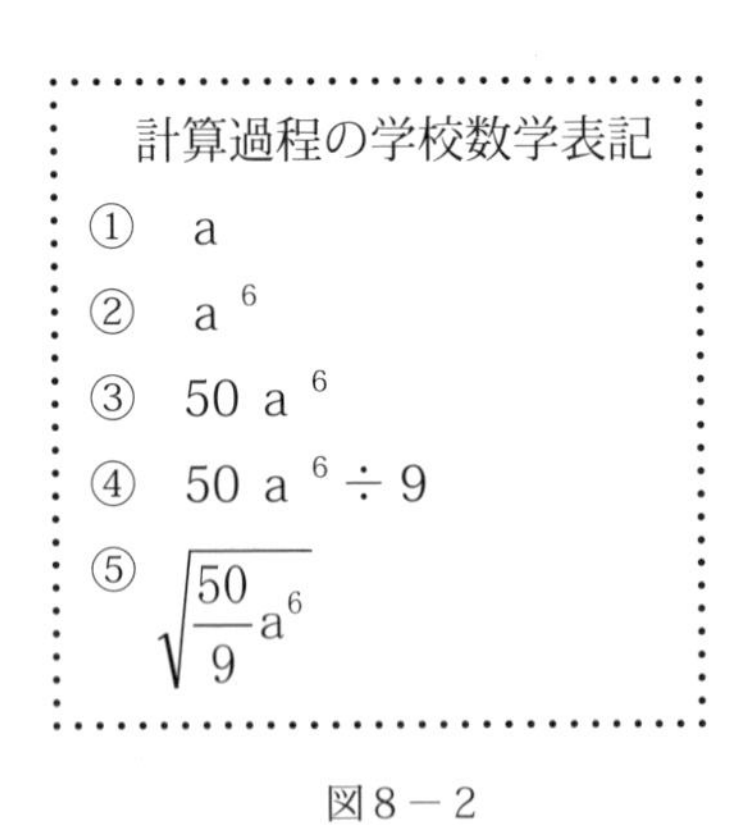
計算過程の学校数学表記

① a

② a^6

③ $50a^6$

④ $50a^6 \div 9$

⑤ $\sqrt{\frac{50}{9}a^6}$

図8－2

今の学校数学で方切籠の体積を求める

方切籠の体積を求める計算過程は横書きで書くと、図8―3になります。

方切籠の体積計算―今の数学を使って

方切籠の一辺をａ、立方体の一辺を２ｂとする。三辺ＡＢ、ＢＣ、ＢＤはそれぞれ立方体の一辺の半分でｂです。

△ＡＢＣは、∠ＡＢＣ＝∠Ｒ（直角）の二等辺三角形。

ＡＣ＝ａ、　ＡＢ＝ＢＣ＝ｂ、三平方の定理から、

$$b^2 + b^2 = a^2$$

だから、　$2b^2 = a^2$

$$b = \frac{1}{\sqrt{2}} a = \frac{\sqrt{2}}{2} a$$

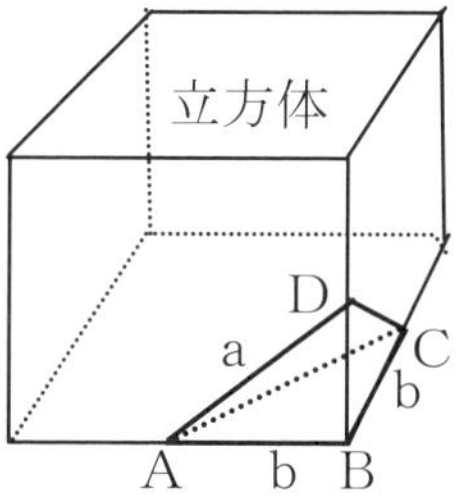

すなわち、立体の

一辺２ｂは、　$\sqrt{2}a$

次に、立体ＡＢＣ－Ｄ

の体積ｖとすると、ｖは次の通りです。

$$v = \frac{1}{3} \times \left(\frac{\sqrt{2}}{2} a \times \frac{\sqrt{2}}{2} a \times \frac{1}{2}\right) \times \frac{\sqrt{2}}{2} a$$

$$= \frac{1}{3} \times \frac{2\sqrt{2}}{16} a^3 = \frac{1}{3} \times \frac{\sqrt{2}}{8} a^3$$

したがって求める方切籠の体積は次のようになります。

$$(\sqrt{2} \times a)^3 - \left(\frac{1}{3} \times \frac{\sqrt{2}}{8} \times a^3\right) \times 8 = 2\sqrt{2}a^3 - \frac{\sqrt{2}}{3} a^3 = \frac{5\sqrt{2}}{3} a^3$$

図８－３

また、別の角度で方切籠の体積を求めてみ見よう。これが図8―4、5、6です。(別解)

方切籠の体積を求める（別解）

方切籠で切り落とされる正三角錐を下図のように捉えます。

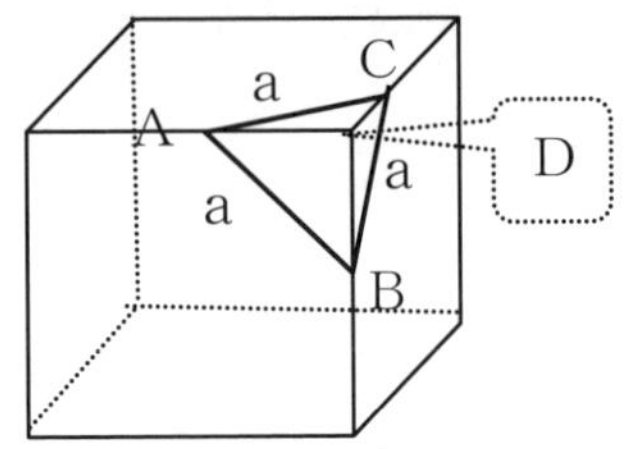

そして下図のように頂点Dから底面の三角形ＡＢＣに垂線を引き、交点をＧとします。

また、ＡＭ＝ＭＢ、 ＡＮ＝ＮＣ、ＡＤ＝ＤＢ＝ＤＣ＝ｂとします。

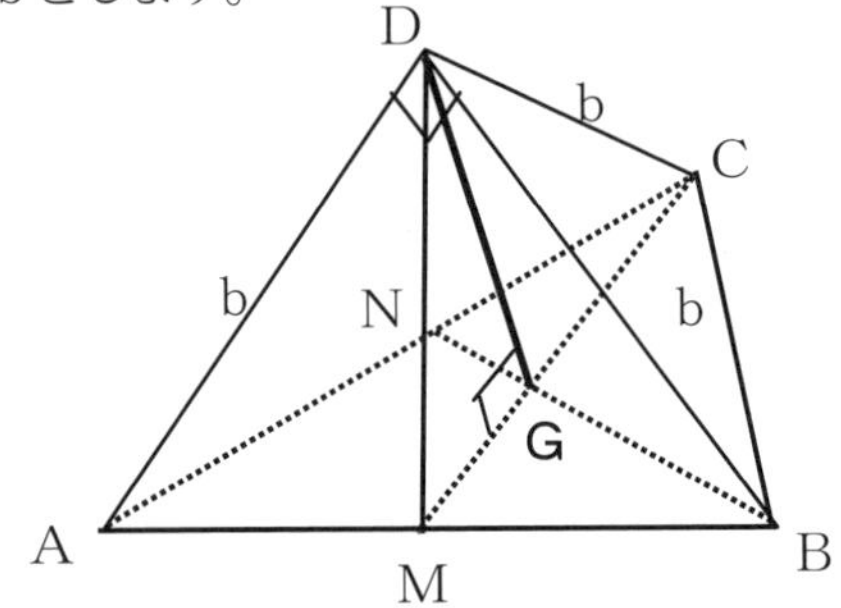

図8－4

（図８－４からの続き）

ここで、ＤＧ⊥△ＡＢＣを使って（証明は図８−7)、また、∠ＡＤＢ＝∠Ｒ（直角)、ＡＭ＝ＭＢ＝ＤＭ　だから、次のことが成り立ちます。

$$DG^2 = DM^2 - MG^2 = (\frac{a}{2})^2 - (\frac{1}{3}CM)^2$$

$$= \frac{a^2}{4} - \frac{1}{9}(\frac{\sqrt{3}}{2}a)^2 = \frac{1}{6}a^2$$

よって、

$$DG = \frac{1}{\sqrt{6}}a = \frac{\sqrt{6}}{6}a$$

一方、△ＡＢＣの面積は、次のようになります。

$$\frac{1}{2} \times AB \times CM = \frac{1}{2} \times a \times \frac{\sqrt{3}}{2} \times a = \frac{\sqrt{3}}{4} \times a^2$$

したがって、切り落とされる正三角錐の体積をV_0とし、△ＡＢＣの面積をｓとすると、V_0は次のようになります。

$$V_0 = \frac{1}{3} \times s \times DG = \frac{1}{3} \times \frac{\sqrt{3}}{4}a^2 \times \frac{\sqrt{6}}{6}a = \frac{1}{3} \times \frac{\sqrt{2}}{8}a^3$$

（図８－６へ）

図８－５

（図８－５からの続き）

一方、与えられた立方体の体積は、次のようになります。

$$(2b)^3 = 8b^3 = 8 \times (\frac{a}{\sqrt{2}})^3 = 8 \times \frac{a^3}{2\sqrt{2}} = 2\sqrt{2}a^3$$

したがって、方切籠の体積Ｖは次のようになります。

$$V = 2\sqrt{2}a^3 - 8 \times V_0 = 2\sqrt{2}a^3 - 8 \times \frac{1}{3} \times \frac{\sqrt{2}}{8}a^3$$

$$= \frac{1}{3} \times (6\sqrt{2} - \sqrt{2}) \times a^3 = \frac{1}{3} \times 5\sqrt{2} \times a^3$$

$$= \frac{1}{3} \times \sqrt{50} \times a^3$$

図８－６

補足１）「ＤＧ⊥△ＡＢＣ」の証明

仮定：ＡＢ＝ＢＣ＝ＣＡ、ＤＡ＝ＤＢ＝ＤＣ、∠ＡＤＢは直角、ＡＭ＝ＭＢ、ＡＮ＝ＣＮ、　ＢＮとＣＭの交点Ｇ。

結論：ＤＧ⊥△ＡＢＣ

証明）　ＤＭ⊥ＡＢ、ＣＭ⊥ＡＢだから、△ＤＭＣ⊥ＡＢ

よって　ＤＧはＡＢとよじれの垂直　・・・・①

またＢＮ⊥ＡＣ、ＤＮ⊥ＡＣ

　ゆえに、△ＤＮＢ⊥ＡＣ

よって、ＤＧはＡＣとよじれの垂直　・・・・②

①②から、ＤＧはＡＢとＡＣの作る平面と垂直。

一方、Ｇは、△ＡＢＣの中線の交点であるから、Ｄから△ＡＢＣに下ろした垂線は重心を通る。

補足２）命題「交わる二直線ａ、ｂにそれぞれ垂直な直線ℓは、ａ、ｂの作る平面αに垂直である」の証明

証明方針）平面α上に任意の直線ｎを引き、二直線ℓ,ｎがねじれの位置にあって垂直であることを示そう。

　二直線ａ、ｂの交点Ｈとする。

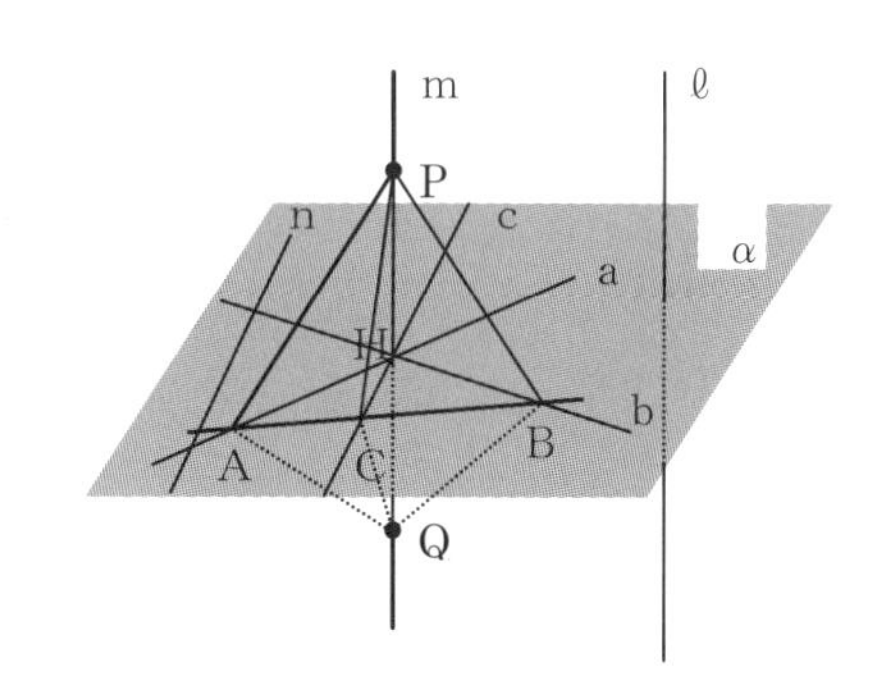

（以下図８－８へ）

図８－７

（図８−７からの続き）次に、点Hを通るように二直線ℓ，ｎを平行移動させ、それぞれ直線m、ｃとする。このときmとｃが直交することを示せばよい。

直線m上にＰＨ＝ＱＨとなるように二点Ｐ、Ｑをとる。また、点Hを通る三直線ａ、ｂ、ｃに交わるような直線を引き、交点をＡ、Ｂ、Ｃとする。

△ＰＡＨと△ＱＡＨにおいて、ＰＨ＝ＱＨ（仮定から）、
∠ＰＨＡ＝∠ＱＨＡ（仮定から）
ＡＨは共通だから、△ＰＡＨ≡△ＱＡＨ
よって　　ＡＰ＝ＡＱ　・・・・①
また、△ＰＢＨと△ＱＢＨにおいて、ＰＨ＝ＱＨ（仮定から）、
∠ＰＨＢ＝∠ＱＨＢ（仮定から）、ＢＨは共通だから、
△ＰＢＨ≡△ＱＢＨ
よって、ＢＰ＝ＢＱ　・・・・②
次に①、②とＡＢ共通から　△ＰＡＢ≡△ＱＡＢ
よって、∠ＰＡＢ＝∠ＱＡＢ・・・・③、
△ＡＰＣと△ＡＱＣにおいて、ＡＰ＝ＡＱ、
∠ＰＡＢ＝∠ＱＡＢ、ＡＣ共通だから、△ＡＰＣ≡△ＡＱＣ
ＣＰ＝ＣＱ・・・・④
△ＰＣＨと△ＱＣＨにおいて、ＣＰ＝ＣＱ、ＰＨ＝ＱＨ、
ＣＨ共通だから、△ＰＣＨ≡△ＱＣＨ
よって、∠ＰＨＣ＝∠ＱＨＣ
ゆえに、　ＰＱ⊥ＣＨ　　　　　　　　　（終了）

図８−８

2017 年 3 月 28 日セッションの様子

第２章　解隠題之法

◆第１節　解隠題之法の始まりは整式から

「解見題之法」の内容は第1章で紹介した部分の外にまだ十分に残っていますが割愛し、「三部抄」の一つの「解隠題之法」に移ります。

「解隠題之法」は、前章までと変わって、学校数学で扱われている対象の、

・「整式」
・「方程式」

に関連する内容です。

このように説明すると疑問が出てくるでしょう

・「整式」という名称は存在していたのでしょうか
・「方程式」という名称は存在していたのでしょうか
・「整式」はどのように表したのでしょうか

たとえば、学校数学表現のa＋bxはどのように表したのでしょうか

・「方程式」はどのように表したのでしょうか
・縦書きで問題を解く仕方が知りたい
・どんな方程式が登場するのでしょうか

という疑問です。これからこうした疑問を解決していきましょう。
いずれにしても、関孝和は問題を解くという作業をしているので、学校数学とは異なった「縦書きの問題解法」をしてきたといえるでしょう。
こうしたことを踏まえて、早速、図１―１を見ましょう。

隠題を解く法　凡て五篇

関孝和編

立元第一

立元は、天元の一を立つるなり。

太極　○　|

加減第二　併を附す

加は、単位なるは加と謂い、衆位なるは併と謂う。各其異名ならば相減じ、則、同名ならば相加う。正無人はこれを正とし、負無人はこれを負とす。

仮如、
右　| ‖
左　| ⊤

これを加う。
右左一級の数は同名なれば相加えて、正二。
二級の数は異名なれば相減じて、正一。

図１－１『解隠題之法』（書き下ろし文）出典：京都大学数理解析研究所講究録第 18858 巻 2013 年　インターネットから引用　なお、原文は漢文調です　以下同様

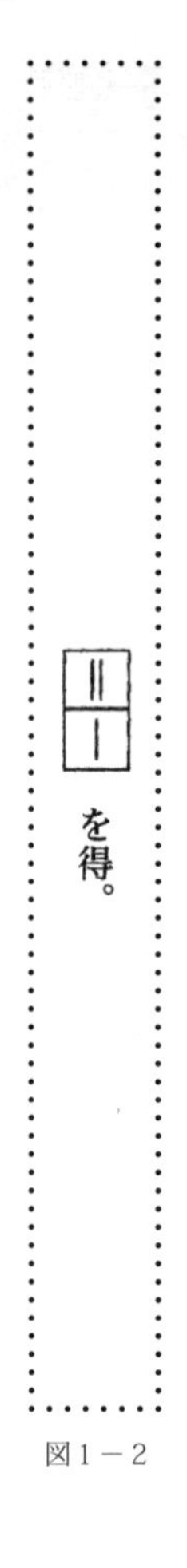

図１－２

図1―1と図1―2は、どんなことを表しているのでしょうか。ごらんのように、初めて出合うような内容が冒頭に登場します。

・「天元の一を立つる」

です。なんの前触れも無く、図1―3のような図形が登場します。

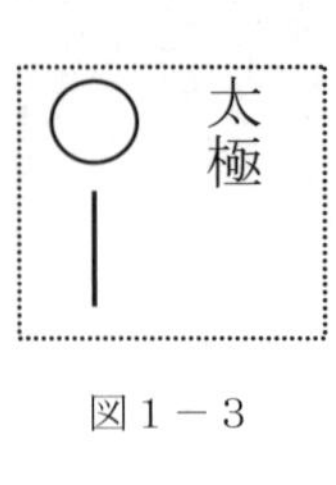

図１－３

この図1―3は、「解隠題之法」を理解する為の大事な鍵なのです。というのも、この表現が問題作りの始まりであって未知数の扱い方とその表現を示しているからです。

図1―3は、分かりやすいように学校数学を使って説明すると、

・$0 + 1 \times x$

に当たるのです
つまり、図１―３の丸は、
・「定数項」のゼロ
なのです。
そして丸の下の縦棒は、
・「一次の項の係数」の１
を表しています。
このように図１―３は、学校数学で表現されているような、
・一次式
にあたるので、もちろん、学校数学で呼称するような、
・「整式」
ですから、
・問題解法の問題でもなく、
・方程式でもない
のです。
このように、「解隠題之法」の冒頭は、
・問題解法の式を作る仕方を示し

・言葉での式作りから図形記号式表現へ
ということになります。
言い換えると、
・具体的な問題から離陸する
とともに、
・普遍的な問題への抽象化
という段階を目指しています。
この点で「整式」といっても抽象化への過程の第一歩でしょう。

関孝和の整式表現の特徴

いま、関孝和が発案した整式表現をみてきましたが、学校数学と比較してみると、
・未知数を文字で表していない
・式の各項は枡を使う
・枡目の位置で各項の次元を表す
・各次元の係数は枡目に表現する
というのですから、学校数学には見られない自由な表現であって抽象的です。
それでは次に移りましょう。

2016. 6. 28. セッションの様子

◆第２節　整式の加法と減法

いま紹介したように「整式」は、枡目を使って表現する仕方で珍しいでしょう。その続きは、図１―１の後半の、

・「加減第二併を附す」

です。ここで扱っているのは、学校数学で言うところの、

・一次式の足し算（加法）と引き算（減法）

ということになります。

そしてここで扱う式は、一次式や二次式とは限りませんから、

・「単位」と「衆位」の用語が登場する

ということになります。

・「単位」は、整式が二つの場合

を指します。そして、

・「衆位」は、三つ以上の整式の場合

を指しています。

続いて、「正無人」と「負無人」という用語が登場します。

・「正無人」は、定数項や係数が正の数であることを指し、
・「負無人」は定数項や係数が負の数であることを表しています。

このように、説明に必要な用語の解説が済んで、いよいよ例題が登場します。

例題（図１―１の「仮如（たとえば）」です）

左右に二つの式が提示されています。

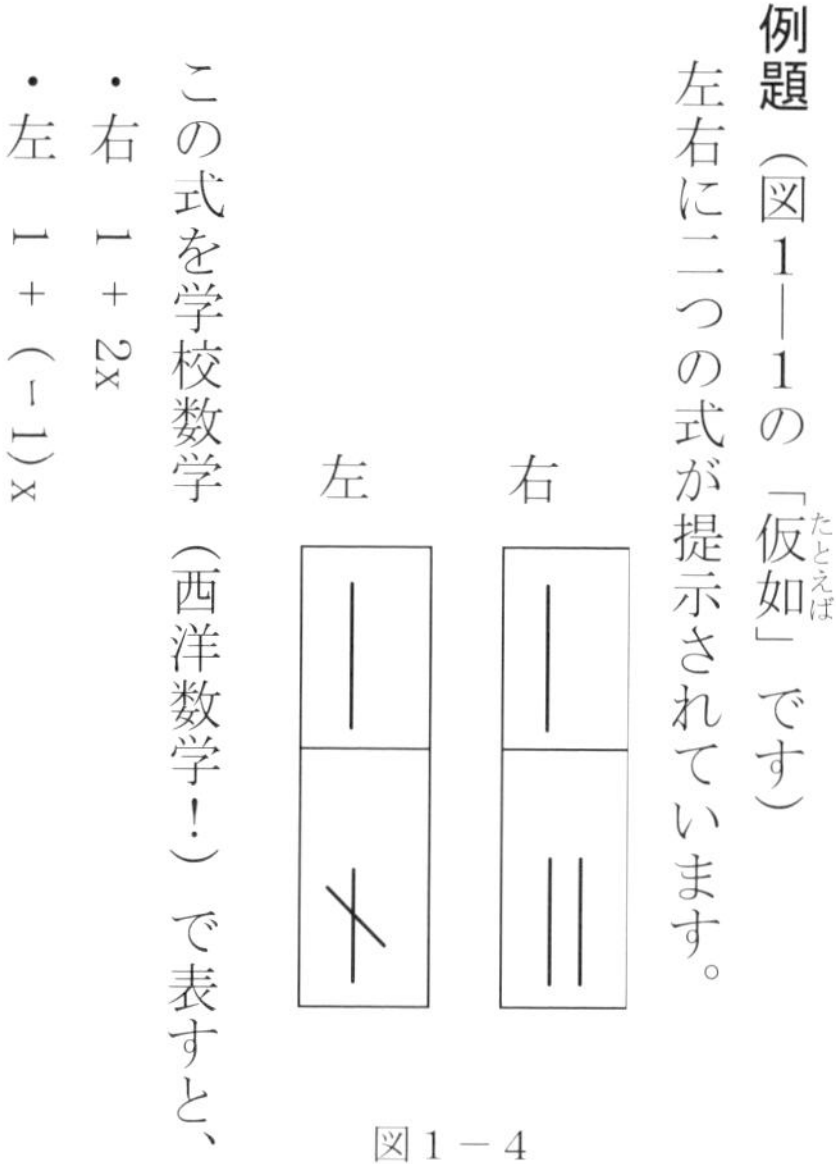

図１－４

この式を学校数学（西洋数学！）で表すと、
・右　1 + 2x
・左　1 + (－1) x
ということになります。続いて、

・「これを加う」

とありますから、

・二つの一次式の足し算（加法）

を計算しようというわけです。

そして加法の説明ですが、説明の行は、活字が小さくなっていますね。こうしたことは良くあるのです。

その説明は、

・「左右一級の数は同名なれば相加えて、正二」

とあります。

・「左右一級」とは、定数項に目を向けなさいということです。二つの式の定数項がともに1であるから加えると2になることを説明しています。次に、

・「二級の数は異名なれば、相減じて、正一」

とあります。

・「二級」は一次の項を指すので、正の数2と負の数1ですから、2から1を引いて（減じて）1としなさいと説明しています。結局、この結果は図1―5になります。

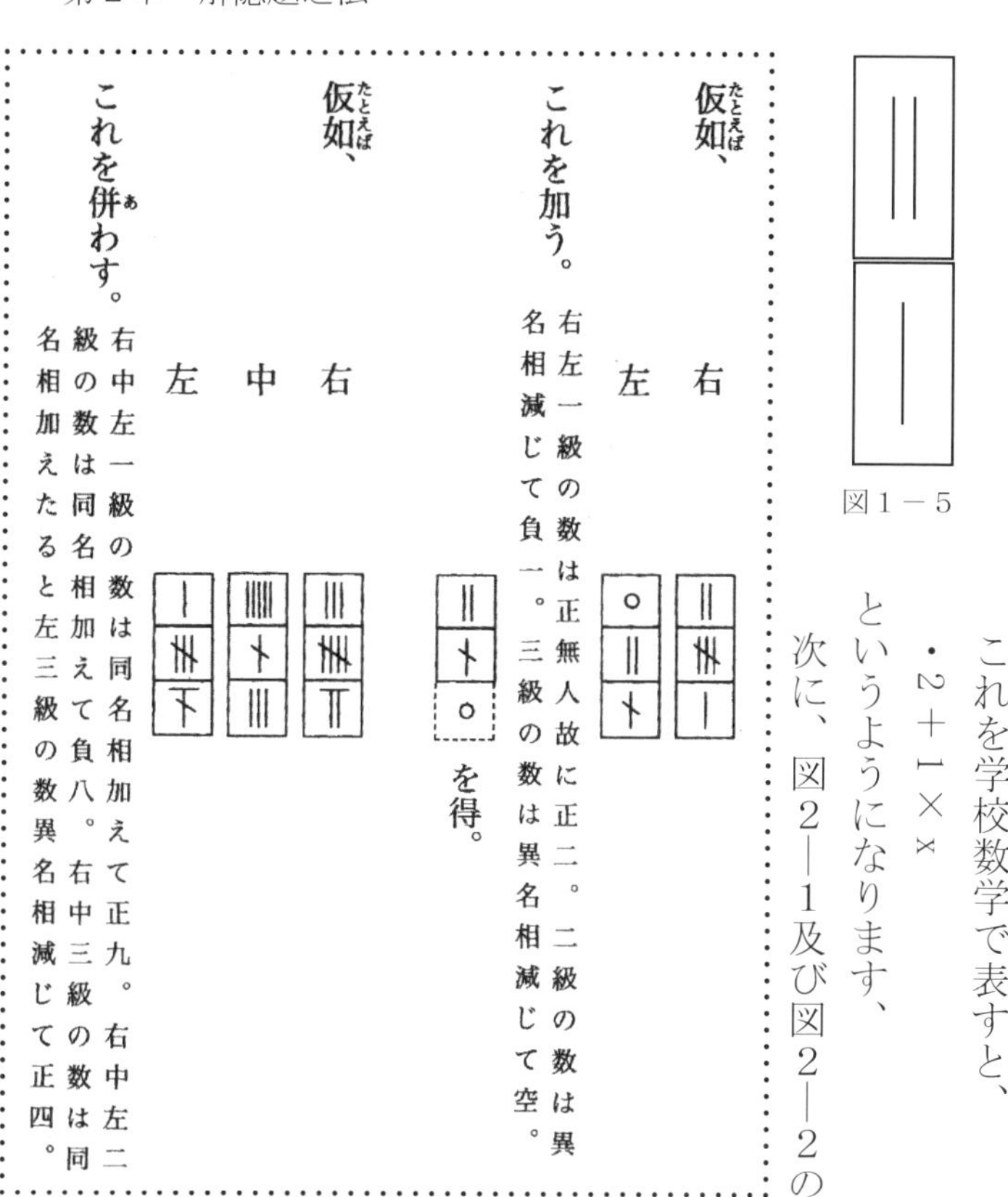

図1－5

これを学校数学で表すと、

・2＋1×x

というようになります、

次に、図2―1及び図2―2の例題に移りましょう。

仮如（たとえば）、

右

左

これを加う。右左一級の数は正無人故に正二。二級の数は異名相減じて空。三級の数は異名相減じて負一。

を得。

仮如（たとえば）、

右

中

左

これを併（あ）わす。右中左一級の数は同名相加えて正九。右中左二級の数は同名相加えて負八。右中三級の数は同名相加えたると左三級の数異名相減じて正四。

図2－1

を得。

図２－２

ごらんのように、図2―1には、二つの例題が登場しています。そこには、縦のマスが三個の式が登場しています。これらはどんな式を表しているのでしょうか。最初の例題の右側の升目の式を図2―3として採録してみましょう。

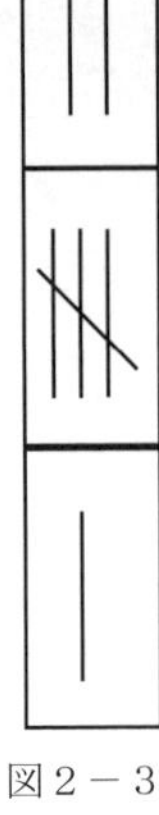

図２－３

図2―3は、図1―5で説明したことを踏まえると、

・上から順に定数項、一次の項、二次の項を表す

ということになります。つまり、

・文字式の定数項、一次の項、二次の項という項の次元は、升目の位置で表現する

というわけです。したがって、図2―3は、学校数学の表現に直すと、

・$2 + (-3) \times x + 1 \times x^2$　（注、x^2はxを二回かけること）

ということになり、

・二次式

ということになります。

このように見てくると、図2—1の最初の例題は二次式を扱っていることが分かります。そして本文では、「加う」「併わす」とありますから、

・二次式の足し算の仕方

を説明しているのです。

この説明は、図1—1の本文を踏襲していますから、改めて解説をしません。その代わりとして、いまの学校数学で取り上げている整式の計算法の一端に触れて、図2—1の説明文を書き変えてみることにしましょう。

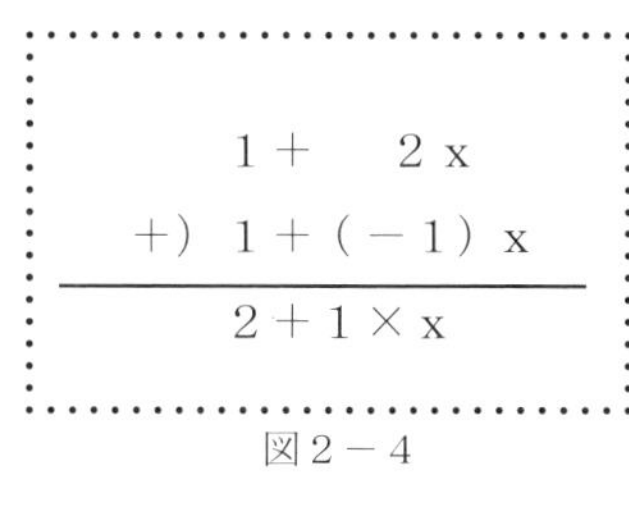

図2－4

学校数学では、図1—1の二つの一次式の足し算は、図2—4のように縦に計算することがあります。

もちろん、横に二つの式を並列して計算をすることでよいのですが、扱う文字式が3個、4個と多くなってくると、図2—4のように計算する方が間違いも少なく分かりやすいのです。

こうしたことを踏まえて、図2—1、2の例題を学校数学の方式で書いてみることにしょう。

その前段の準備として、学校数学での文字式表現の仕方について、図2—5のように補足しておきます。

学校数学での
文字式表現の決まり

①1×xは、単にxとする。
②（−2）×xは、−2xとする。
③2×（−x）は、−2xとする。
④二つの文字の掛け算はかける
　記号を省略する。
　例えば、x×yはxyとする。
⑤x×xはx^2とする。以下同様。

図2−5

それでは、図2—5を踏まえて、図2—1の右の例題を学校数学の表現方式に書き換えてみましょう。これが、図2—6です。また、図2—1、2の左の例題は図2—7です。

このように関孝和は、先にも触れましたが、未知数に文字を使わず、次数を位置で表現するということで、整式を扱いました。

けれども学校数学では整式は、文字ｘあるいはｙ、ｚを使わないと式表現ができないのですから、本書でもこれを踏襲せざるを得ません。

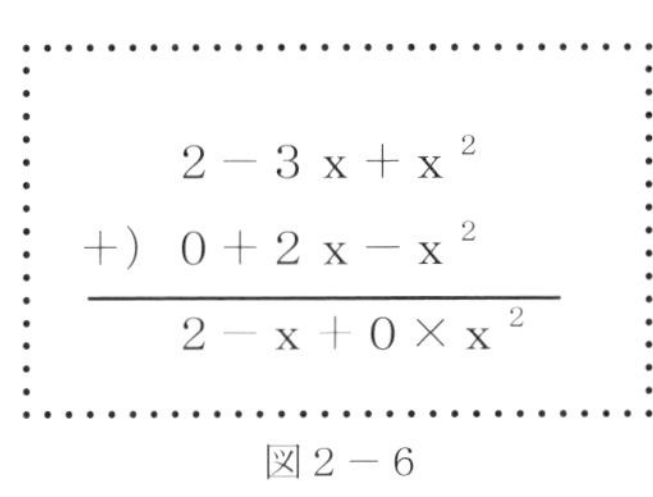

図２－６
図２－１の右の例題です

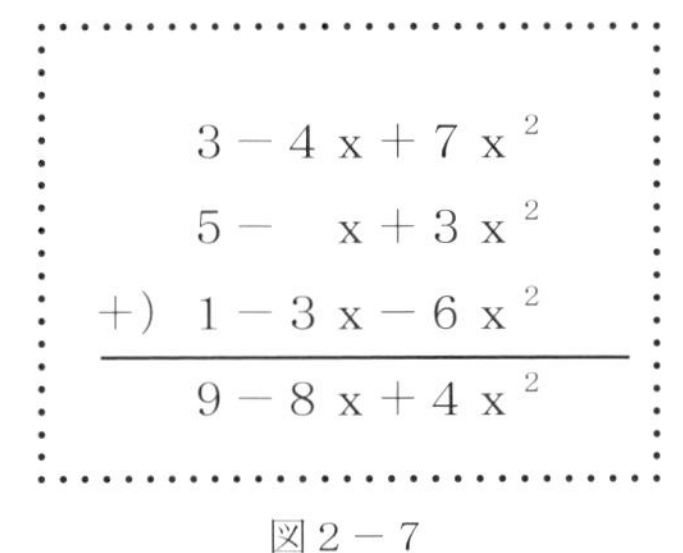

図２－７
図２－１、２の左の例題

整式の減法

それでは、次に整式の引き算（減法）の図3―1に移りましょう。

減は、其、同名なるは相減じ、則、異名なるは相加う。正無人はこれを負とし、
負無人はこれを正とす。

仮如、

右

左

右を以って左を減ず。

これを減ず。右左一級の数は異名相加えて正二。二級の数は同名相減じて正一。

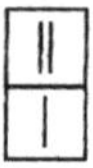

を得。

仮如、

右

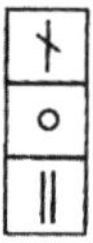

左

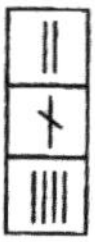

左を以って右を減ず。

これを減ず。右左一級の数は異名相加えて負三。二級の数は負無人故に正一。三級の数は同名相減じて負二。

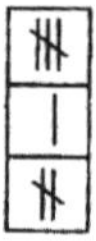

を得。

図3－1

図3―1の二つの例題は、共に減法です。二つの整式が置かれているだけですから、右から左を引くのか、左から右を引くのか分かりません。ここが加法と違うところです。そこで、二つの整式の下に説明が付いています。

例題右では「右を以って左を減ず」とあり、また例題左では「左を以って右を減ず」とありますから、学校数学で表現すると図3―2及び図3―3になります。

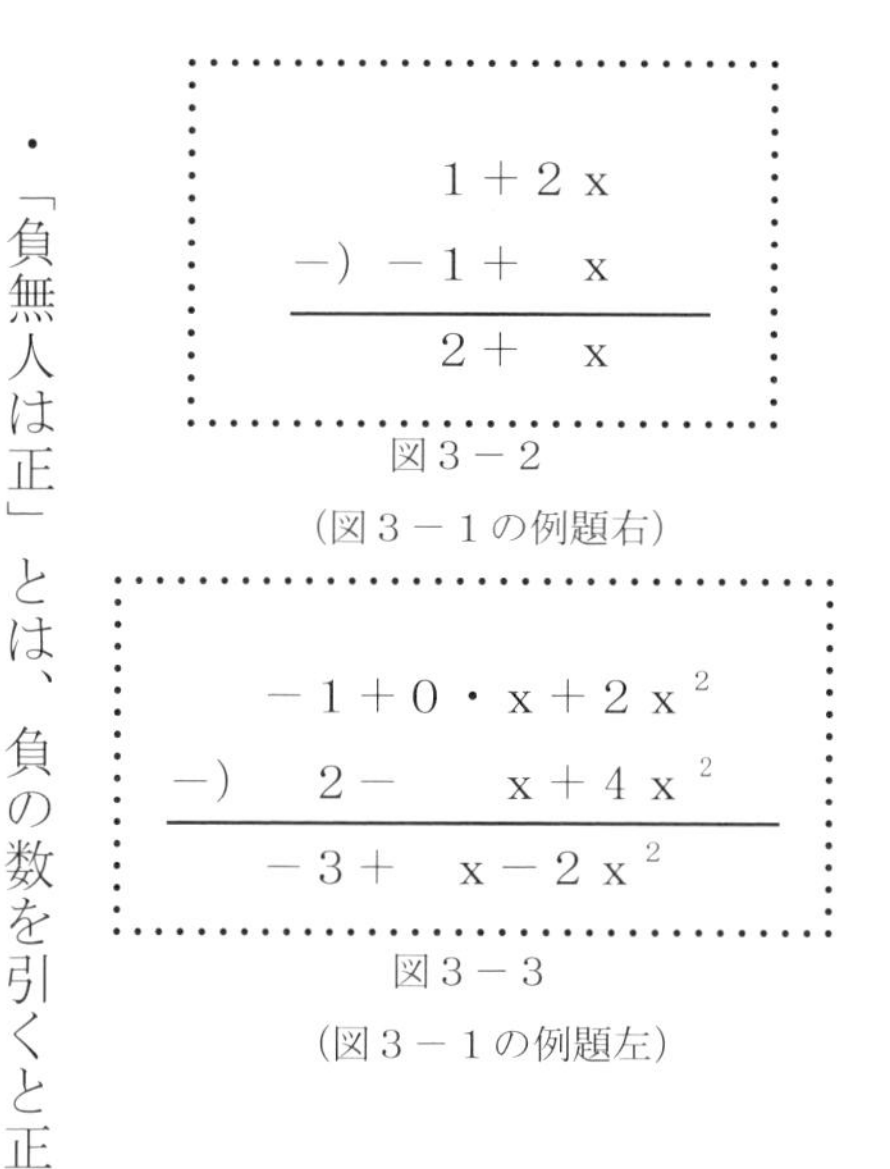

図3−2
（図3−1の例題右）

図3−3
（図3−1の例題左）

これらの説明には、次の事柄が含まれています。

・「同名相減じ」とは、共に正の数或いは共に負の数であると、「減じ」（ひく）
・「異名は相加ぅ」とは、正の数と負の数であると、「加ぅ」
・「正無人は負」とは、正の数を引くと負の数に変わる
・「負無人は正」とは、負の数を引くと正の数に変える
・「一級」は定数項、「二級」は一次の項、「三級」は二次の項を指す

このような事から、正の数と負の数はそれぞれ引き算（演算）に出合うと正負がか

わることを明確に説明していたことが分かります。この説明は学校数学では図3―5の①③に該当します。

とはいえ、当時、＋や－の記号は符号としても演算記号としても存在していませんから、図3―5のような表現はありません。

任意のａ、ｂ（ａ＞0）とするとき、次のことが成り立ちます。ただし、ここでの＋と－は符号としての扱いです。

①ａ－（－ｂ）＝ａ＋ｂ

②ａ＋（－ｂ）＝ａ－ｂ

③ａ－（＋ｂ）＝ａ－ｂ

④ａ＋（＋ｂ）＝ａ＋ｂ

図3－5

しかし、負の数の記号表現が存在していたのですから、図3―5の①③のように正負の使い方と演算での加減とが区別されていたといえます。

今の学校数学では、図3―5の＋や－の記号はすべて符号として捉え、演算記号としての＋（プラス）記号は捨象されるように扱われています。

たとえば、甲から乙を引くということは、甲に「負の乙」を加えるというように捉え、減法が加法に変身することが出来るのです。つまり「加減は加のみ」となります。ここで加減の説明は終了します。

次は掛け算です。

2016. 7. 3-4. 課外授業の様子　於：潮来

◆第3節　整式の掛け算（乗法）

次の図4―1および図4―2の「相乗第三　見乗を附す」は整式の掛け算です。

相乗第三　見乗を附す

相乗ずるは、その式を左右に置き、左を以って上級自り下級到で逐って右に遍乗す。同名の相乗は正と為し、異名の相乗は負と為す。もし空級に当たりて乗ずるときは空と為す。各相併せて式を得。自乗はこれに準ず。

見乗は、その式の乗数を置き、もし帰除ならば空、平方ならば一、立方ならば二、以上これに倣う。一を加う。再乗はこれを三たびし、二を加う。三乗はこれを四たびし、三を加う。自乗はこれを倍し、一を加え、次第これに倣い、乗数と為す。相乗ずるは両式の乗数を相併わせ、一を加え乗数と為す。

仮如、［○｜］これを自乗す。乗数を見るに、帰除の空に一を加え、一を得。平方式と為す。

右　○｜　左一級の空を以って右に遍乗す。

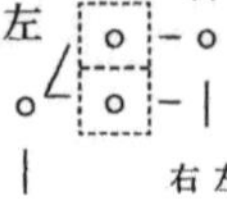

左　○｜

図4－1

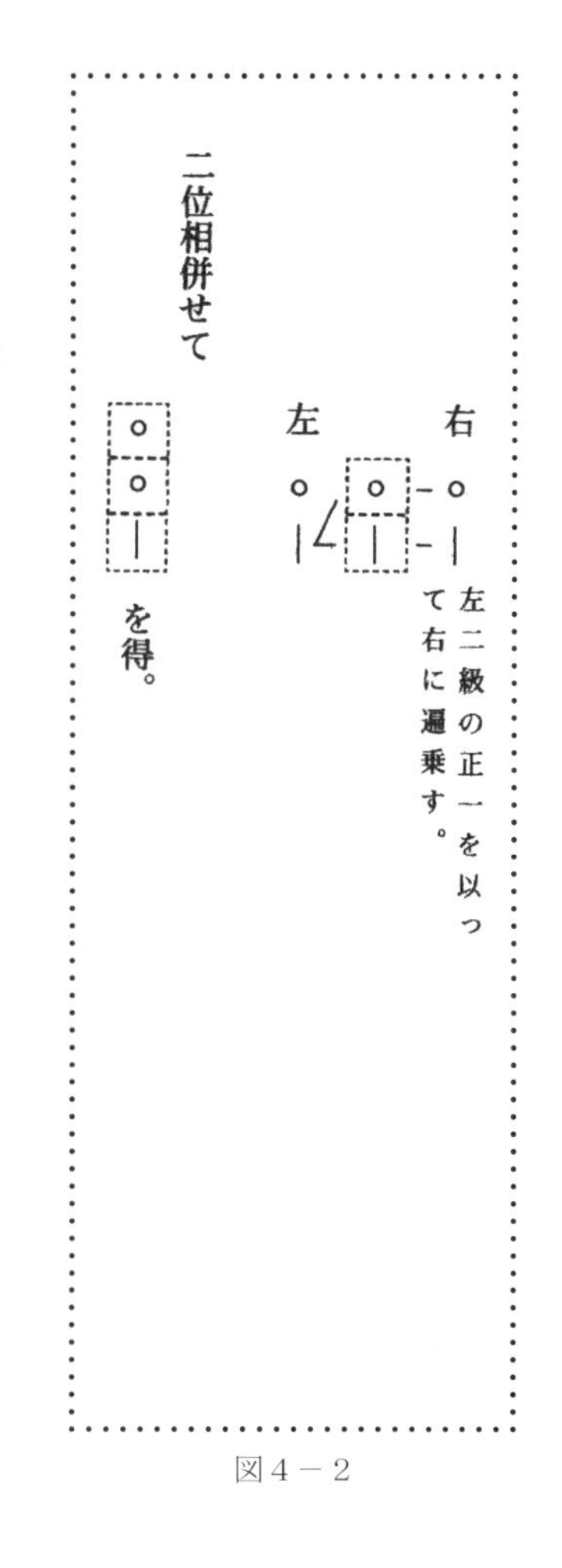

図４－２

図４―１及び図４―２は、二つの式（整式）の掛け算の説明です。
最初の行で、
・「相乗ずるは、その式を左右に置き、左を以って上級自り下級到で逐って右に遍乗す」
とあるのは、
・二つの式を左右両側に置き、右の式に左の上級すなわち定数項を定数項に乗じて、さらに順番に左の定数項を一次の項へ、そして二次の項へと掛けていく、そして続いて左の整式の一次の項も同様に続けていく
ということです。

また、次のようなことが加えられています。
・「同名の相乗は正と為し」は、正の数、負の数相互の掛け算は正の数
・「異名の相乗は負となす」は、正の数と負の数の掛け算は負の数
・「もし空級に当たりて乗ずるときは空となす」は、係数がゼロの掛け算はゼロ
・「各相併せて式を得」は、それぞれの項の結果をまとめると求める式が得られる
・「自乗はこれに準ず」は、二乗するのも同じ
続いて、「見乗」の説明です。
・「見乗は、その式の乗数を置き」とは、式の次数とそれに伴う枡目の数のこと
・「もし帰除ならば空、平方ならば一、立方ならば二、以上これに倣う」
とは、「乗数」の次数の数え方で、
・「帰除」(一次項)はゼロ(注、「帰除」とは一般に割ることを指しています)
・「平方」(二次式)は一
・「立方」(三次式)は二
であるという。

これに基づいて枡目の数が決まるのですが、今の数学での次数の扱い方と次数が一だけズレが出ているでしょう。

さらに続いて、
・「自乗は倍し、一を加う」は、二乗すると二倍の次数になるから升目は倍の数に一増
・「再乗はみたびし、二を加う」は、三乗（再乗）すると次数は三倍になるからその倍数に二増
・「三乗は、これを四たびし、三を加う」は、「三乗」が実際は四乗することだから三増
・「相乗ずるは両式の乗数を相併わせ、一を加え、乗数とする」は、両方の掛け算から得られる次数に1個を加えること
たとえば二次と三次の掛け算では、五次の式になるが、それを表すには升目は六個必要になるでしょう。
そして、いよいよ図4―1の例題です。

例題（図4―1）

・定数項がゼロで一次の項の係数が1の式を「自乗」（二乗）することです。
この式は、学校数学で表すと、次のようになります。

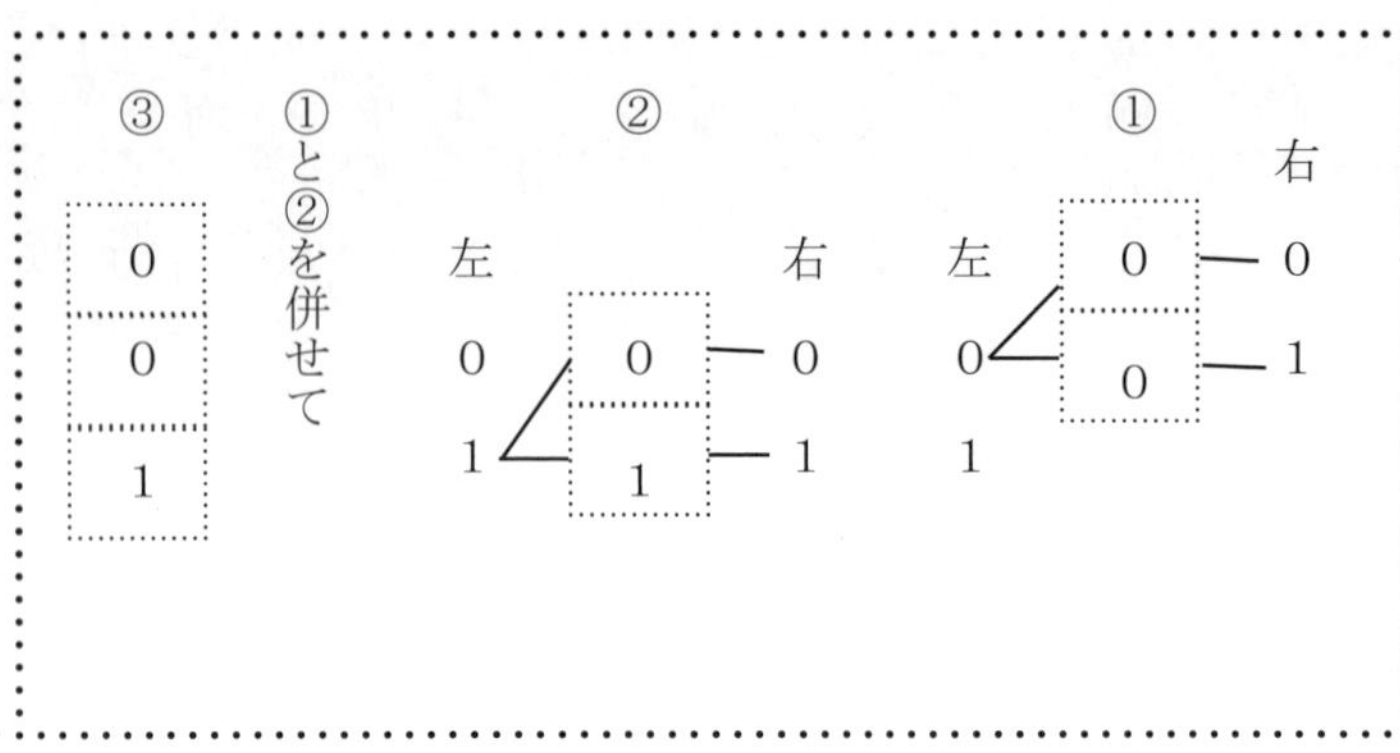

図４－３　番号の①②③は筆者が添えたもの

・0＋x

つまり、この式を二乗することが図４―１の例題です。またこの計算の仕方は、図解されて図４―３になります。

そこで、図４―３で注目したいのは、次の点です。

・①の左右の式の位置がずれている
・②の左右の式の位置は同じ
・③枡目（ます）が１個増
・また、③の３個の枡目の位置は①②の位置と同じ

このような点を勘案すると、

・二つ以上の式の掛け算は枡の位置が重要であることが分かります。

次に、図４―３を学校数学を使って、そのままの仕方で直してみましょう。

これが図４―４です。

ごらんのように、学校数学で図４―３を直してみ

ると、

・①から②に移るところで途切れるように見えるでしょう。

というのも学校数学では、①の行の下に②がくるように計算するようになっているからです。

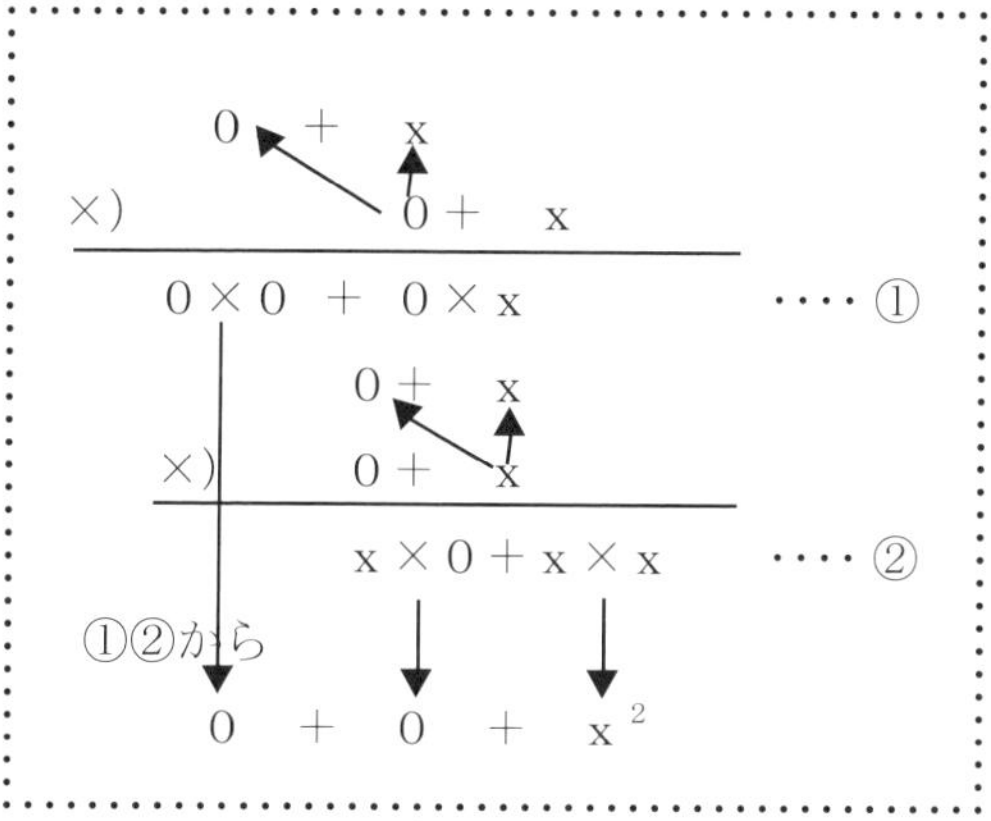

図４－４

図４－３の計算を学校数学方式で計算する場合

この点で、図４―３は、

・計算の流れがスムーズではない

ということがいえるでしょう。

ここに課題があるようですが、この課題は、縦書きから来るのかもしれませんが、ソロバン計算が介在しています。

というのも、図４―３では計算が自然な流れのように行われているようで、不自然さを感じませんでしたが、いかかでしょうか。

二次式の二乗の展開

それでは、この点を意識して、次の例題の図

5―1と図5―2（次々頁）に移りましょう。
ごらんのように、図5―1の例題は、
・二次式 $3+(-2)x+x^2$
を「自乗」する仕方です。

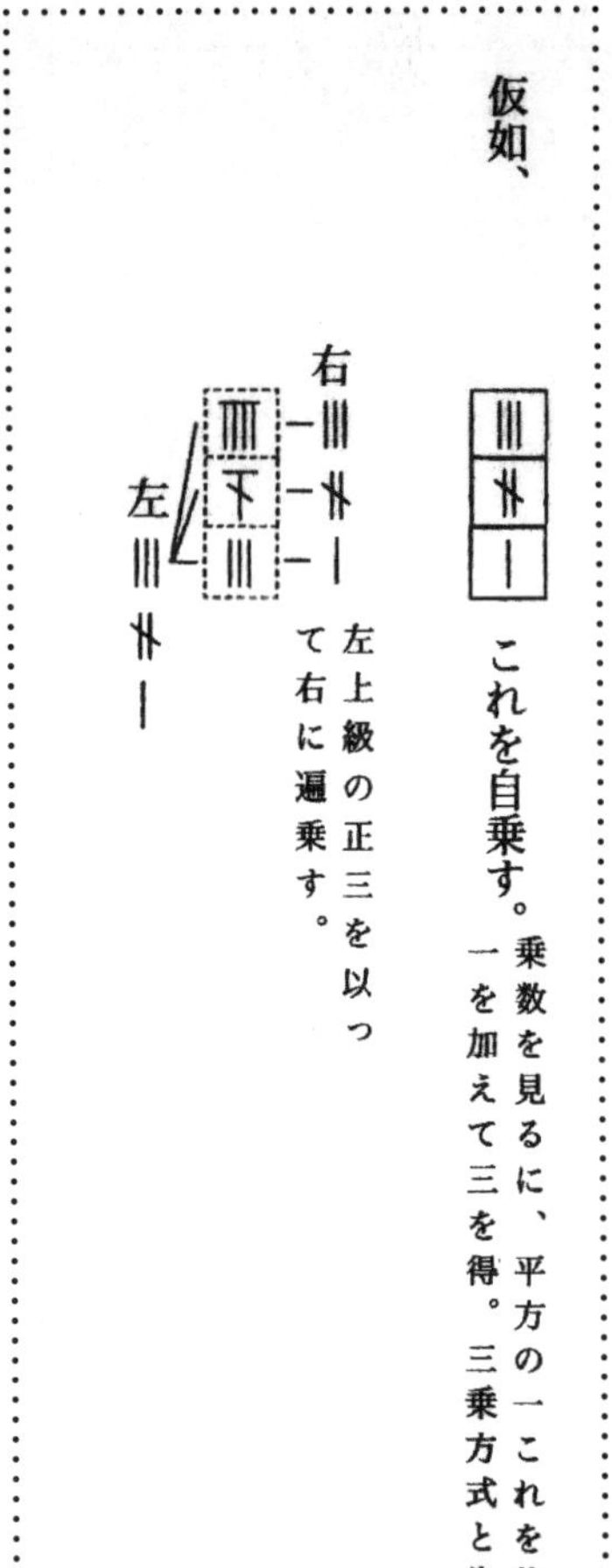

仮如、 [算木図] **これを自乗す。** **乗数を見るに、平方の一これを倍し、一を加えて三を得。三乗方式と為す。**

右 [算木] 左 [算木]

左上級の正三を以って右に遍乗す。

図5－1

先ず「乗数」の説明があって、次のように書かれています。
・「乗数を見るに、平方の一、これを倍し、一を加えて三を得。三乗方式と為す」
この説明では、平方の一を倍にして二、これに一を加えると三になるから三乗方式であると、なっていますが、「三乗方式」がいまの常識と合いません。

というのも、この説明ですと、平方（二次）の次数を一とみなし、「自乗」なので一を倍にして二、それに一を加えて三として「三乗」としています。しかし実際には平方の次数は二次ですから、これを「自乗」すると四次式になります。

というわけで、この乗数計算の方式は今の数学とは一致しません。

・「三乗方式」は、四次式を指している

といえるでしょう。

それでは、二次式の「自乗」の仕方（図５―１）を見ていきましょう。

先ず目に留まるのは、

・右の枡目の位置と左の枡目の位置がずれている

ということです。このズレは、右の二次式に左の二次式の定数項を掛けるという仕方を意味しているのです。

この計算は次の通りです。

・右の定数項３に左の定数項３を掛けると、９

・右の一次の項の係数 −2 に左の定数項３を掛けると、−6

・右の二次の項の係数の１に左の定数項３を掛けると、３

これらの計算結果が二つの式の間に出ています。

これを学校数学の仕方で書くと、次行のようになります。

・$9 + (-6)x + 3x^2$

それではその続きを図5—2で見ることにしましょう。

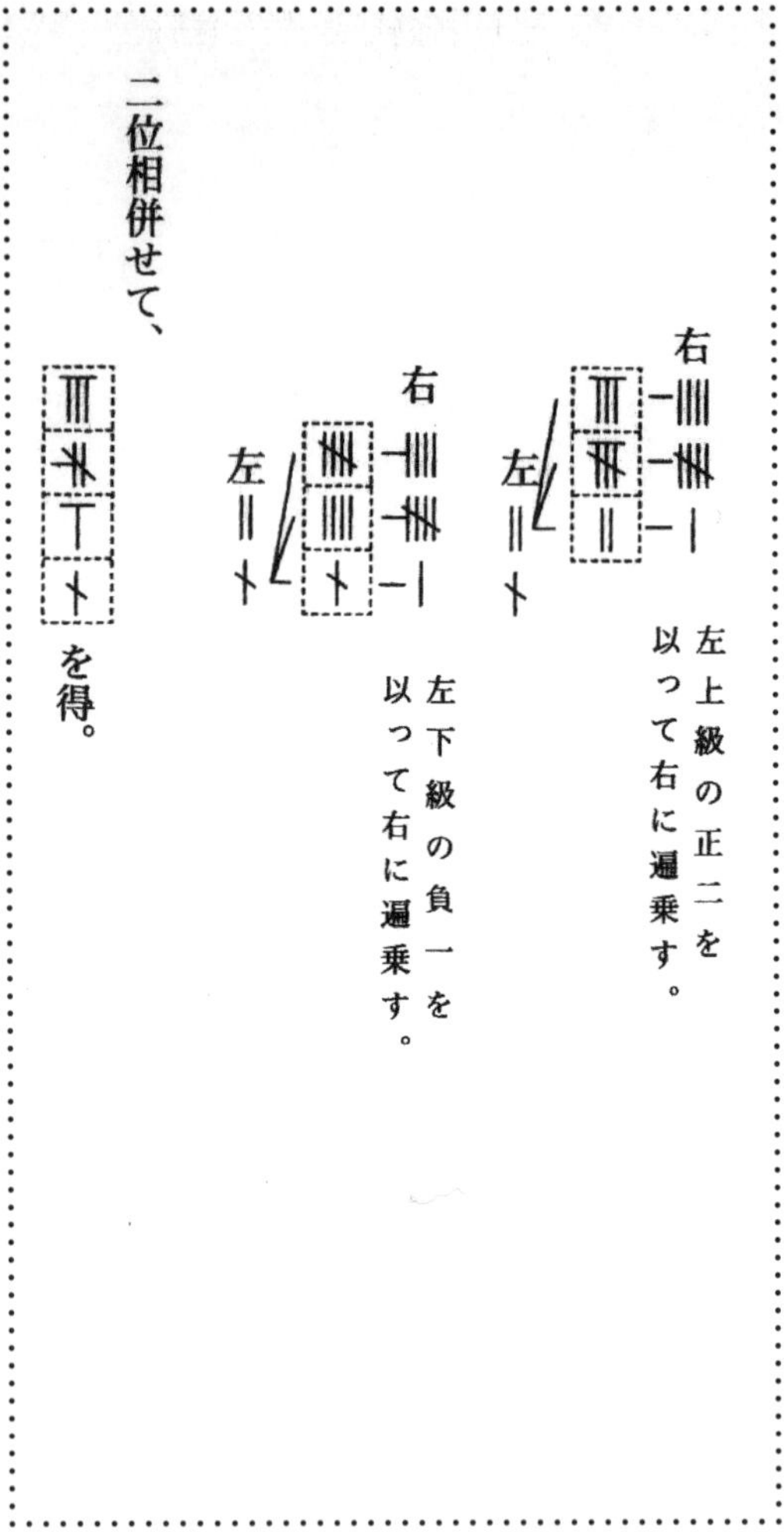

右

左

左上級の正二を以って右に遍乗す。

右

左

左下級の負一を以って右に遍乗す。

二位相併せて、

を得。

図5－2

図5—2の右側は、右の二次式の定数項、一次の項の係数、二次の項の係数のそれぞれに左の式の一次の係数のマイナス2を順に掛けることです。

また図5―2の左側は、右側の式の定数項、一次の項の係数、二次の項の係数のそれぞれに左の式の二次の係数1を順に掛けることです。

そして最後に、三回分の結果を加えると、二式の掛け算が得られます。

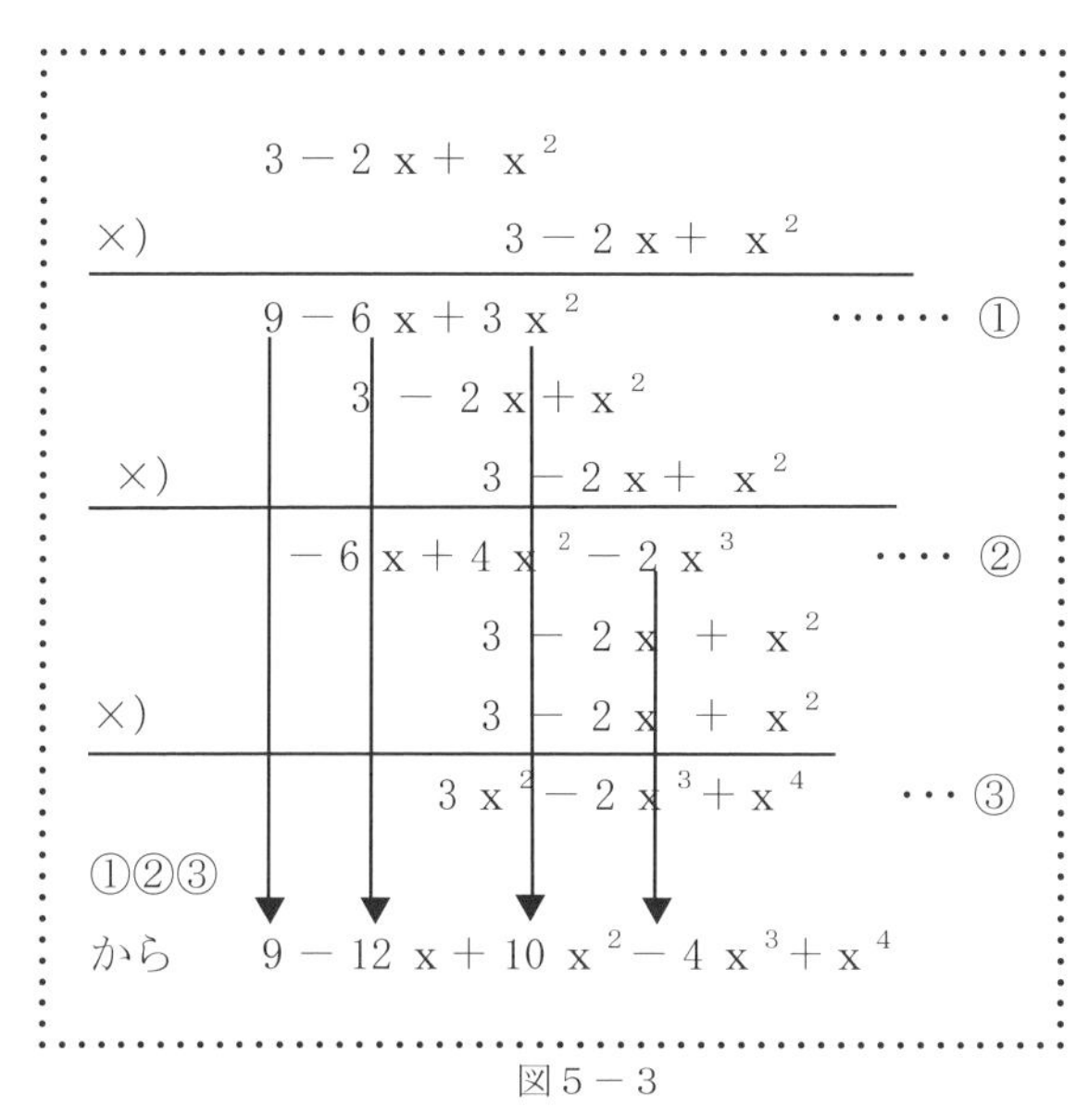

図5－3

図5－1、2を学校数学利用で書き換えた計算過程

$$
\begin{array}{rl}
 & 3-2x+x^2 \\
\times) & 3-2x+x^2 \\
\hline
 & 9-6x+3x^2 \quad \cdots\cdots ① \\
 & -6x+4x^2-2x^3 \quad \cdots\cdots ② \\
 & 3x^2-2x^3+x^4 \\
\hline
 & 9-12x+10x^2-4x^3+x^4 \quad \cdots ③
\end{array}
$$

図5－4　　学校数学方式

この過程は学校数学表現を借りて書くと、図5―3になります。

そこで、いま学校数学で行われている方式と比べるために図5―4を用意しました。やはり横書き計算のほうがすっきりしているでしょう。この点で、縦書きの計算式を横書きに移すこと自体は意味を持たないことが分かります。

それにしても、掛ける文字式の各項の位置はそのままにして、掛けられようとする文字式の項の位置をずらしながらそれぞれに対応する項を掛けていくという方式は、慣れると容易に計算が出来るようになるのでしょう。

それでは、文字式を三乗する場合はどのように展開されるのでしょうか。

一次式の三乗の展開例

仮如、‖ ∤ これを再自乗す。　乗数を見るに、帰除の空に二を加えて二を得。立方式と為す。

先ず、これを自乗し、||| ||||̸ | を得。又(また)、これに相乗す。

図6―1

図6―1の例題は、

・一次式２＋(−1)x
を「再自乗」(三乗)する場合の計算過程を提示しています。
先ず「乗数」の説明です。
・「帰除の空に二を加えて二」とは、学校数学で捉えると、ゼロに二を加えるので二次式になります。

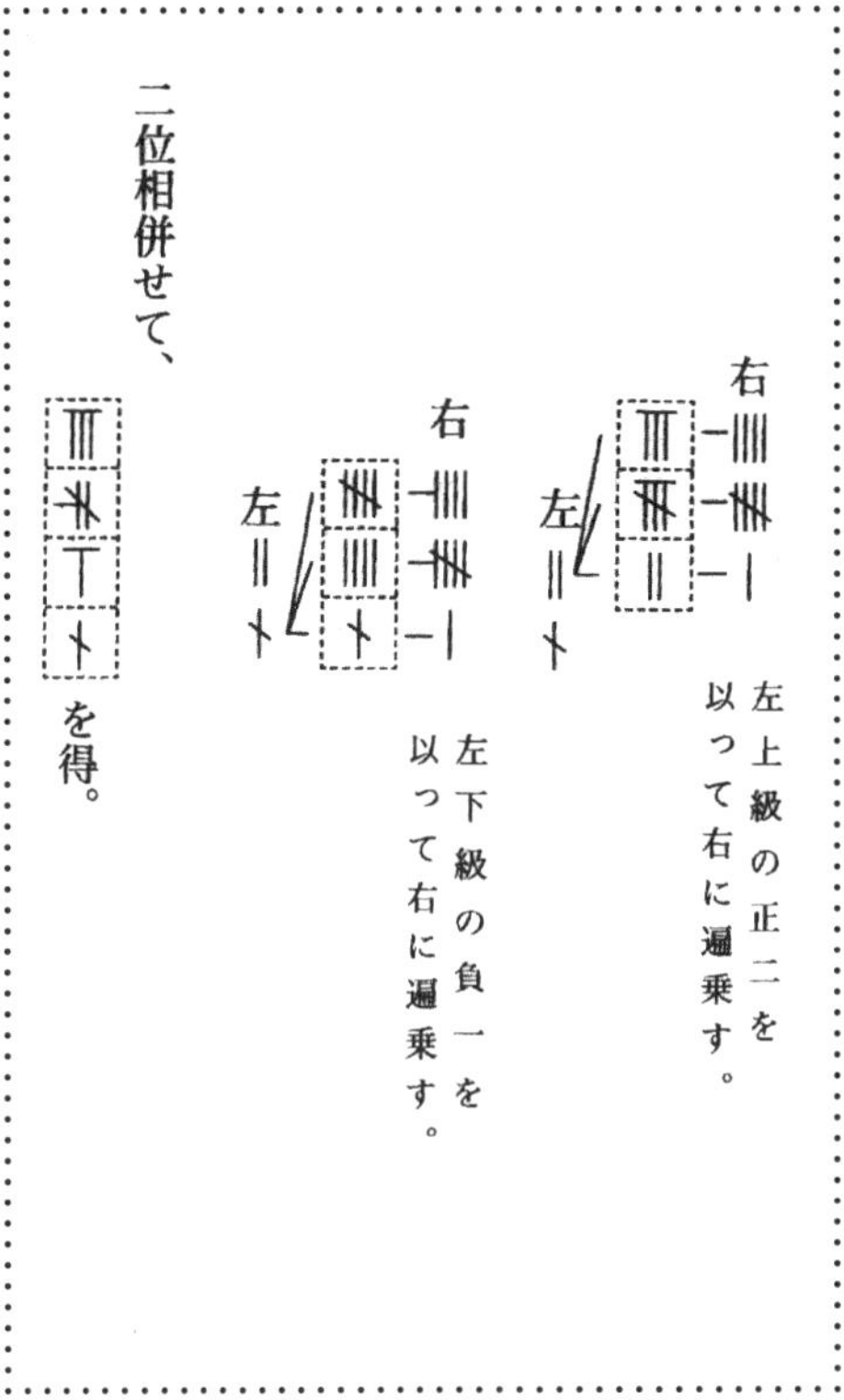

右
左
左上級の正二を以って右に遍乗す。
右
左
左下級の負一を以って右に遍乗す。
二位相併せて、を得。

図６－２

そしてこの二次式を
・「立方式と為す」と呼称しているのです。
けれども実際は、三次式になります。
・「これを自乗し」とありますから、
・$4+(-4)x+x^2$
となりますが、この計算過程は飛ばしています。

図６－１、２は $(2-x)^3$ の展開式を求めることです。まず、$(2-x)^2 = 4-4x+x^2$ を計算してから、次の計算をすることが説明されています。

$$
\begin{array}{lr}
 & 4-4x+x^2 \\
\times) & 2-x \\
\hline
 & 8-8x+2x^2 \quad \cdots ① \\
 & 4-4x+x^2 \\
\times) & 2-x \\
\hline
 & -4x+4x^2-x^3 \quad \cdots ②
\end{array}
$$

①②から、

$$8-12x+6x^2-x^3$$

図６－３

図６－１、２を学校数学表現を使っての説明過程

学校数学での $(2-x)^3$ の計算

$$
\begin{array}{lr}
 & 2-x \\
\times & 2-x \\
\hline
 & 4-2x \\
+) & -2x+x^2 \\
\hline
 & 4-4x+x^2 \\
\times) & 2-x \\
\hline
 & 8-8x+2x^2 \\
+) & -4x+4x^2-x^3 \\
\hline
 & 8-12x+6x^2-x^3
\end{array}
$$

図６－４

学校数学の場合の計算過程

続いて、この計算結果をもとに、さらに

・一次式$2 + (-1)x$を$4 + (-4)x + x^2$に掛ける

のです。この計算過程が、図6—2です。

また、図6—1および図6—2の計算過程は学校数学を使って表現すると、図6—3になります。

一方、学校数学で教えられている計算過程は図6—4です。

次数の異なる二つの式の掛け算

次の図7—1および図7—2は、異なる二つの式の掛け算です。

仮如、

右

左

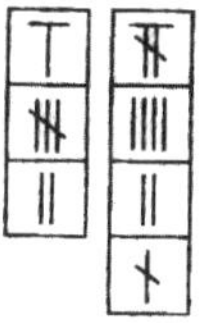

これを相乗ず。

乗数を見るに、平方の一、立方の二を相併せ、一を加えて四を得。四乗方式と為す。

図7－1

「右」の式は3次式の、

・$(-7) + 4x + 2x^2 + (-1)x^3$

であり、「左」の式は二次式の、

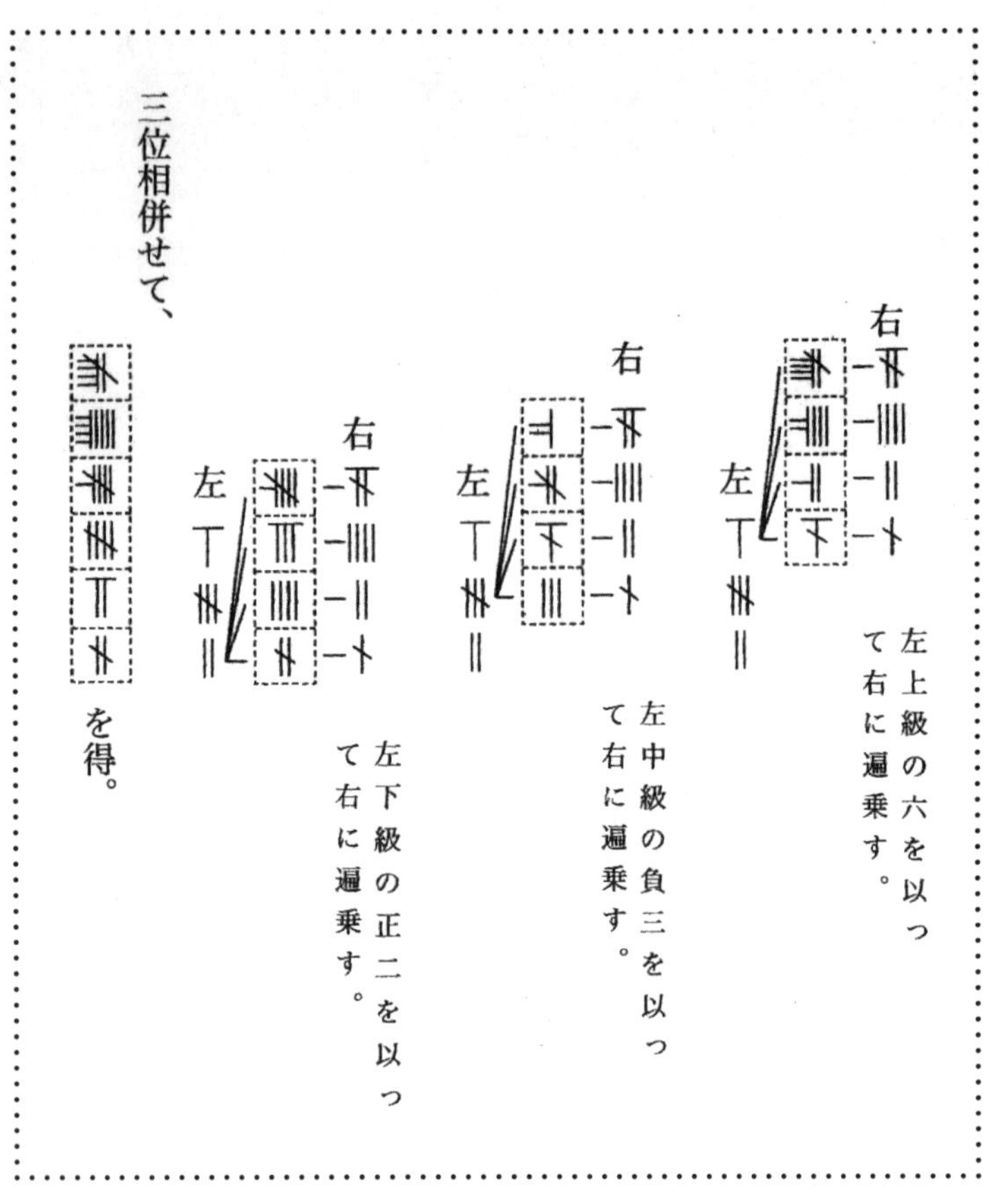
右
左
左上級の六を以って右に遍乗す。
右
左
左中級の負三を以って右に遍乗す。
右
左
左下級の正二を以って右に遍乗す。
三位相併せて、
を得。

図７－２

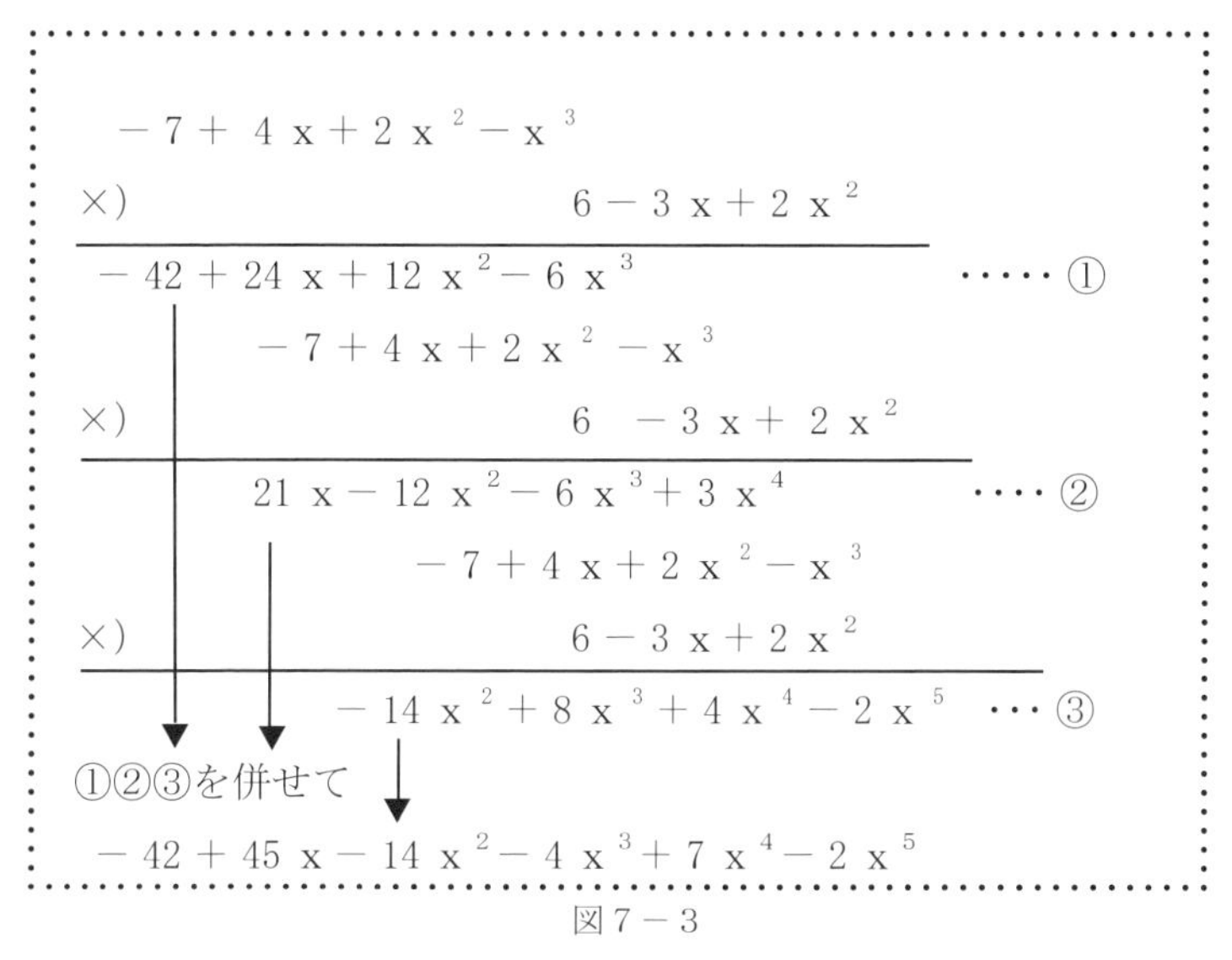

図7－3

図7－1、2を学校数学表現に置き換えての計算過程

注（1）$24x + 21x = 45x$（2）$12x2 - 12x^2 - 14x^2 = -14x^2$
（3）$-6x^3 - 6x^3 + 8x^3 = -4x^3$（4）$3x^4 + 4x^4 = 7x^4$

・$6 + (-3)x + 2x^2$

です。これら二式の掛け算の次数は5次式になります。このことは、次のように説明しています。

・「平方の一、立方の二を相併せ、一を加えて四を得、四乗方式と為す」

　ここで「平方」の乗数は左の式を指すので次数は一ではなく二なのです。また「立方の二」は右の式を指しますから三次式となり、「立方の二」ではなく三なのです。したがって、「四乗方式」は五次式を指すことになります。

　次にこれら二式の掛け算の仕

$$
\begin{array}{rl}
 & -7+4x+2x^2-x^3 \\
\times) & 6-3x+2x^2 \\
\hline
 & -42+24x+12x^2-6x^3 \quad \cdots\cdots ① \\
 & 21x-12x^2-6x^3+3x^4 \quad \cdots\cdots ② \\
 & -14x^2+8x^3+4x^4-2x^5 \quad \cdots ③
\end{array}
$$

①②③を併せて

$$
-42+45x-14x^2-4x^3+7x^4-2x^5 \quad \cdots ④
$$

図７－４

図７－１、２の学校数学での計算経過

方は、図7―2（前々頁）です。升目の位置に目を向けましょう。

図7―2の計算過程は、図7―3です。

ここで、図7―3の矢印のところを説明すると①のところの定数項は、そのまま最後まで残ります。

次の一次の項の係数は、①の係数と、②の係数を合わせます。

二次の項は、①の正に数の係数と②の負の数の係数、③の負の数の係数を加えます。

三次の項の係数は、①の負の数の係数と、②の負の数の係数、③の正の数の係数を加えます。

四次の項の係数は、②の正の数と③の正の数を加えます。

五次の項は③のみです。

このことは図7―3の注で示しておきました。

それでは、こうした計算の仕方はいまの学校数学でどのように計算をしているのでしょうか。この様子を示したのが図７―４です。二つの式はそのままの位置にあって、掛ける式の定数項から掛けていくと①の式が得られます。

続いて一次の項を掛けていくと、定数項に一次の項を掛けるので一次になりますから、その位置は一次の項の下に書きます。これが②の式です。

同じように二次の項を掛ける式のそれぞれの項に掛けます。定数項に二次の項を掛けると、結果は二次の項になります。こうして③が得られます。

そして、①②③のそれぞれの項で加えると④が得られ解答になります。

つまり、学校数学では二つの式はそのままの位置にしておくのが特徴で、関孝和の計算式は、その背景には縦書きとソロバン計算があるのです。それに対して学校数学は筆算です。こうした違いはここに現れているのです。

◆第4節　「開方式」（方程式）の作り方

いよいよ「方程式」が登場します。図8―1の「相消第四」は方程式の作り方の説明です。

相消第四

相消は意の如くこれを求め、得たる寄左数と相消数両数のうち意に任せて其(それ)同名は相減じ、則(よって)異名は相加え、正無人はこれを負とし、負無人はこれを正として帰除及び開方式を得。

仮如、　得数
　　　　寄左
　　　　得数を以って寄左を消す。

相消す。　開方式　を得。

一級の数は正無人故に負八。二級の数は正二。三級の数は正一。

仮如、　得数
　　　　寄左
　　　　寄左を以って得数を消す。

相消す。　開方式　を得。

一級の数は同名相減じて正五。二級の数は同名相減じて空。三級の数は異名相加えて負四。四級の数は正無人故に負一。

図８－１

・「相消」

とは、二つの整式から相互に消去し合って一つの整式を作ることです。ですから、学校数学で言う「等式」から「方程式」を作ることに結びつく内容です。

しかし当時、等号記号が存在していませんから、左右に対峙するように二つの式が存在し、これらの二式の一方を他方に寄せる（学校数学では「移項」という）わけですから、その際に守らなければならない約束が出てきます。

その約束すなわち注意点が次に続きます。

・「同名は相減じ、則異名は相加え」

とは、学校数学の用語を使って説明すると、二つの式で同符号の項では異符号に変え、異符号の項では同符号にするということです。

また各項の係数では、

・「正無人はこれを負とし、負無人はこれを正として」

というように符号を反対にしなさいということです。

この内容は、学校数学でいう、

・「移項」

するときの注意事項と同じです。

このような「移項」の説明のいきさつを見てくると、これを言葉で見事に説明しているところに驚かされます。
こうした言葉の説明をすると、一つの式が得られます。その式は、

・「帰除及び開方式を得」

になるというわけで、

・定数あるいは方程式

のことです。
そしてこのうちの「開方式」を扱うということになります。

図8―1の二つの例題から（開方式作成の例）

図8―1には二つの例題があります。
まず右側の例題に目を向けましょう。
ここには、二つの式が用意されています。

・「得数」（右辺）は、定数の8
・「寄左」（左辺）は、式$0+2x+x^2$

したがって、この二つの式を一つの式にまとめると、

・「開方式〇〇」

という表現になって、

・$(-8) + 2x + x^2$ （＝０）

が出来るというのです。

次に図８―１の左側の例題に移りましょう。この例題も開方式の作り方です。

・右辺＝$(-2) + 3x + (-1)x^2$

・左辺＝$(-7) + 3x + 3x^2 + x^3$

この二つの式で、左辺の式を右辺に移すと、

・「開方式〇〇」

が得られるということで、次の開方式になります。

・$5 + (0 \times x) + (-4)x^2 + (-1)x^3$ （＝０）

このように開方式が存在しますから、その解き方が次の例題になります。

◆第5節　開方式の解き方その一

すでに前節で紹介したように、整式と方程式は異なります。この区別をつけなければなりません。この区別は、整式の頭に「開方式」という用語を添えて表現しているのです。

開方第五　得商を附す

開方は商を立て、隅従り（よ）平方式は廉よりこれを命ず。これを命じ、もし位を超すも常の如くす。実に到る。咸く（ことごと）同加異減してこれを開き尽くす。諸級中、正負相反せば、これを翻法と謂うなり。

仮如、開方式

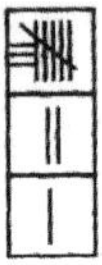

商五を立て、廉に命じ、方に同加し、方正七を得。商五を以ってこれに命じ、実に異減して、あたかも尽く。又商五を以って廉に命じ、方に同加し、方正一十二を得。

平方にこれを開く。

商五

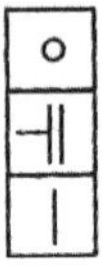

図9－1　方程式の解法

図９－１の一、二行目は、次のように書かれています。
①「開方は商を立て、隅従り、これを命じ、実に到る」
②「平方式は、廉よりこれを命ず」
③「もし位を超すも常の如くす」
④「咸（ことごと）く同加異減してこれを開き尽くす」
⑤「諸級中、正負相反せば、これを翻法と謂うなり」
これらは、開方式の仕方を説明している内容で用語の説明が必要になります。
・「商」
とは、開方式の解を指しますが、確定したわけではないので仮の解ということになります。
・「隅」は、三次の項
・「実」は、定数項
・「平方式」は、二次式
・「廉」は、二次の項
・「位」は、次数、桁の位置
・「同加異減して、これを開き尽くす」は、足し算や引き算をして最後までやり通すこと

・「諸級」とは、各項のこと
・「翻法」とは、正負の符号を変える仕方のこと

このような用語が登場しています。ここで付け加えたいことは各項の表現で、ここまで「隅」「廉」「実」が出ていますがまとめると、図9―2のようになります。

実	方	廉	隅
定数項	一次	二次	三次

図9－2

このような準備が出来ましたので、次に図9―1の例題の開方式に移りましょう。

「開方式」すなわち方程式は、次のように与えられています。ここでは変数（未知数）をxとしましょう。

・$(-35) + 2x + x^2 \ (= 0)$

もちろん、関孝和は、変数（未知数）や変数を伴う各項の次数表現も全く使わずに、枡の位置で表しています。この点は、学校数学と大きく違うところです。ここでは説明の都合上、学校数学表現を使っていきます。

さて、「平方にこれ開く」ですから、二次式に変形して解きなさいということです。

その解き方が説明されています。元の文章を使って、区切りながら書いてみましょう。

①「商五を立て」
②「廉に命じ」
③「方に同加し」
④「方正七を得」
⑤「商五を以ってこれに命じ、実に異減してあたかも尽く」
⑥「又商五を以って廉に命じ、方に同加し」
⑦「方正一十二を得」

こうして、「商五」を解として、新しい開方式をを示していますが、この途中経過の開方式はxではなく別なyの二次方程式の、

・$0 + 12y + y^2$　$(= 0)$

と見るのがよいでしょう。

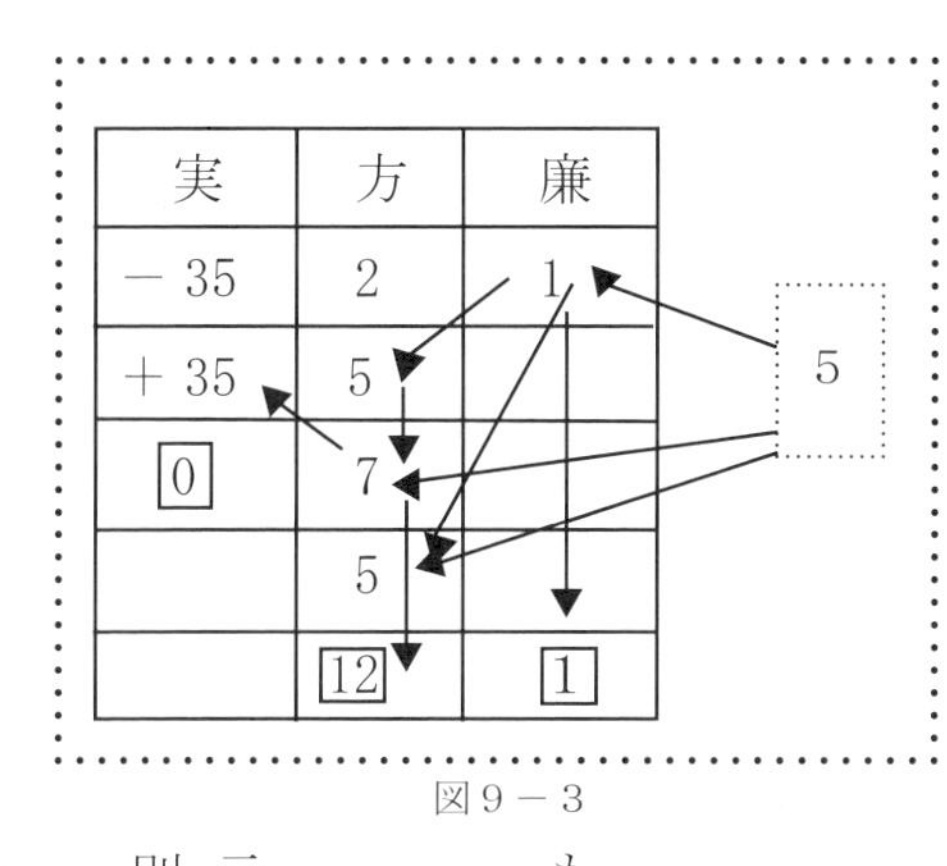

図9－3

このような一連の①～⑦の経過を、学校数学で表してみると、図9－3になります。ここでは、①～⑦の経過説明を矢印で示したのですが、複雑で分かり難いかもしれません。

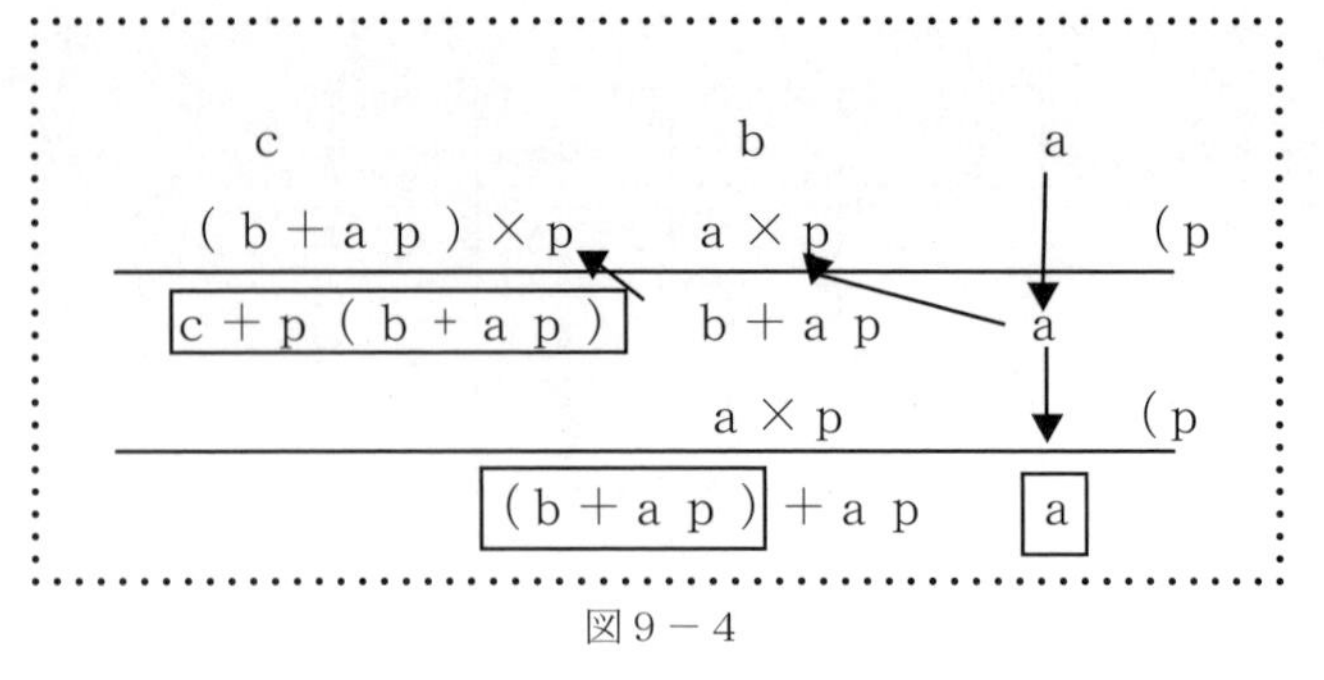

とにかく、図9—3の図解で注目するところは上から四行目です。この行で計算が終りではなく、五、六行目までが登場していることです。これは謎です。この謎は、説明が必要ですね。そこで、学校数学に置き換えて、表現を変えて、この謎を解いていきましょう。

さて、文字係数の二次方程式を使って、

・$c + bx + ax^2 = 0$

としましょう。そして、

・商p

とすると、図9—1の計算の仕方は図9—4のようになります。この計算はどのような計算なのでしょう

c　b　a
(b+ap)×p　a×p　(p
c+p(b+ap)　b+ap　a
a×p　(p
(b+ap)+ap　a

図9－4

ax　+(b+ap)
x－p) ax² + bx+c
－) ax²－apx
(b+ap)x+c
－) (b+ap) x－(b+ap)p
c+(b+ap)p

図9－5

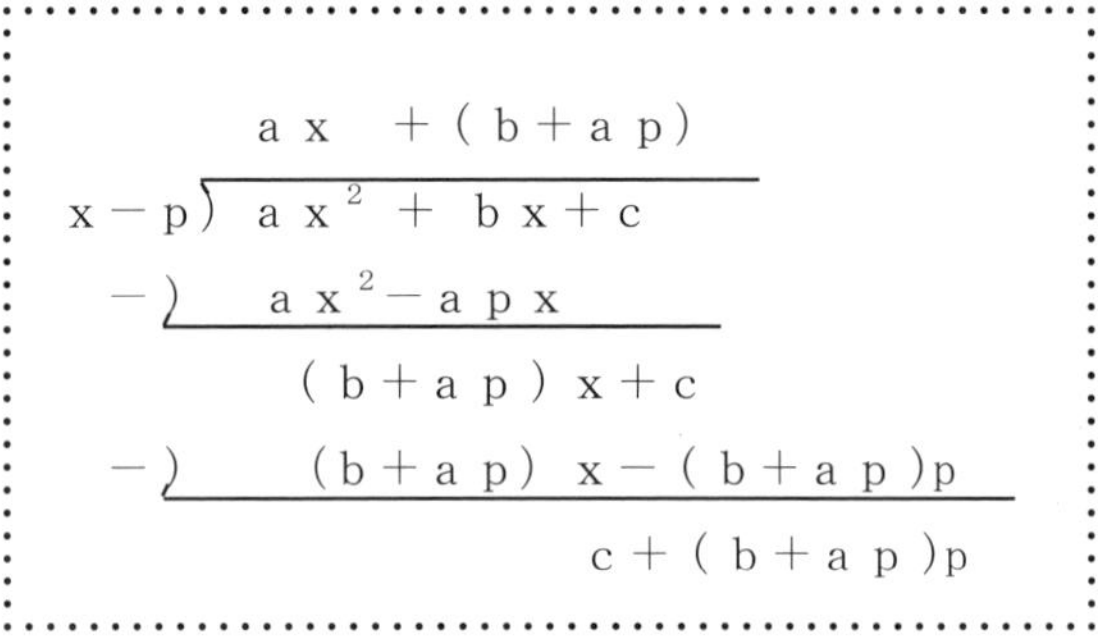

例　二次式ax^2+bx+cを$x-p$で割り、その商をさらに$x-p$で割ってみましょう。

たとえば、自然数の１５を６でわると商が２で、あまり３です。これは、１５＝６×２＋３と表すことが出来ます。

これに習って式変形をしてみると、次のようになります。

$$ax^2+bx+c=(x-p)\{ax+(b+ap)\}$$
$$+\{c+(b+ap)p\}$$
……（図９－５から）

ここで、更に商を$x-p$で割ると、

$$=(x-p)\{a(x-p)+\{(b+ap)+ap\}$$
$$+\{c+(b+ap)p\}$$
$$=\boxed{a}(x-p)^2+(x-p)\boxed{\{(b+ap)+ap\}}$$
$$+\boxed{\{c+(b+ap)p\}}$$

図９－６

か。二つの式の加減乗でもありません。

そこで二次式を一次式で割ることを試み見ると、図９―５となります。

両者を比較してみると、図９―４の上から３行目で、右から二つの数値は図９―５の商の係数に当たり、三つ目は定数項の余りです。

このように、図９―１の開方式を解く過程では割り算が介在していることがわかります。しかもその割り算の仕方は、図９―５ではなく、図９―４なのです。

そして、こうした割り算がさらに続き、求めた商でも行われているのです。この点をさらに掘り下げて見ましょう。これが図9—6です。

ここで、図9—6と図9—4を比較してみると、二次式の係数に注目して、

・「商」p

を使って、前掲①〜⑦（決まり）の計算は、

・一次式（x − p）

で二次式を割って、

・商と余り

を計算することが第一段階で、さらに続けて、

・商をx − pで割り

・更なる商と余りを出す

という一連の計算です。この計算結果は、結局、

・元の二次式をx − pの二次式に変形する

ことなのです。

この様子は、図9—4と図9—6の枠のある式のそれぞれが同一であることで分かります。

このように考えると図9—3の計算は、

・開方式 $(-35) + 2x + x^2$（＝0）を開方式 $0 + 12(x-5) + (x-5)^2$（＝0）に変形

関孝和の開方式変形

多項式$p(x)$を$x-a$で割った商を$q_1(x)$、余をr_1とすると、次の式が成り立つ。

$$p(x)=(x-a)q_1(x)+r_1$$

また$q_1(x)$を$x-a$で割った商を$q_2(x)$、余をr_2とすると、$p(x)$は次のようになります。

$$p(x)=(x-a)\{(x-a)q_2(x)+r_2\}+r_1$$
$$=(x-a)^2q_2(x)+(x-a)r_2+r_1$$

ここで、$p(x)$が二次式であると、$(x-a)$で２回割ると、$(x-a)$についての式に変形が出来ます。

また$p(x)$が三次式であると、$(x-a)$で３回割ると、$(x-a)$についての三次式が得られます。

図９－７

する

ことですから、

・定数項がゼロになるように変形して解を求める仕方

ということになります。したがって定数項がゼロですと解は、$x-5=0$から、$x=5$となります。

このように、

・定数項をゼロにして開方式の商を求める解法

これが関孝和の方程式解法ということになります。

この解法は、図９―７のようにまとめられます。

振り返ってみると、式変形の為の割り算の仕方が独創的であることです。というのも、

・各項の係数のみ
・各項は位置関係のみ
・同じ仕方を繰り返す

という計算は、計算の単純化につながり、平易になって広がりが進む。
このような方程式解法を考案した点は、その時代の先駆けとして、方程式解法の理論を深化、発展させていたといえるでしょう。
次の例題の図10―1に移りましょう。三次方程式の解法です。

仮如、　開方式

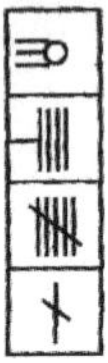

立方翻法にこれを開く。

商三を立て、隅に命じ、廉に同加、廉負八を得。商三を以ってこれに命じ、方に異減し、方正反って負一十を得。商三を以ってこれに命じ、実に異減し、あたかも尽く。また商三を以って隅に命じ、廉に同加して廉負一十一を得。商三を以ってこれに命じ、方に同加して方負四十三を得。また商三を以って隅に命じ、廉に同加して廉負一十四を得。ここに方正は反りて負となる故に翻法と為す。

商三

図１０－１

・開方式 $30+14x-5x^2-x^3$（$=0$）

この開方式について、その解き方は、

・「立方翻法にこれを開く」

ということから、

・三次式で定数項がゼロになるようにしなさい

ということです。

このプロセスは次の通りです。以下、図10—1の文言をそのまま引用します。

①商三を立て

②隅に命じ

③廉に同加

④廉負八を得

⑤商三を以って

⑥これ（廉を指す、引用者）に命じ

⑦方に異減し、方正反って負一十（拾です）得

⑧商三を以って

⑨これ（方を指す、引用者）に命じ

⑩実に異減し、あたかも尽く（ゼロになった！）

ここまでの計算で一区切りになって、再び次のような計算をします。

⑪商三を以って
⑫隅に命じ
⑬廉に同加して
⑭廉負一十一を得
⑮商三を以って
⑯これ（廉を指す、引用者）に命じ
⑰方に同加し、方負四十三を得
⑱また商三を以って
⑲隅に命じ
⑳廉に同加して廉一十四を得。
㉑ここに方正は反りて負となる
㉒故に翻法と為す

実	方	廉	隅	商
30	14	-5	-1	
-30	-24	-3		(3
[0]	-10	-8	-1	
	-33	-3		(3
	[-43]	-11	-1	
		-3		(3
		[-14]	[-1]	

図１０－２

このような解法の説明をしています。これらの①～㉒の説明を図式化すると、図10－2になります。

図10－2の枠の中に囲まれた数値を係数とする「商三」開方式は、元の開方式の変

数のｘを使って表すことができませんから、新しい変数ｙを使うことになります。

したがって、「商三」開方式は次のようになります。

・$0 + (-43)y + (-14)y^2 - y^3$（$= 0$）

またこの式は、

・$0 + (-43)(x-3) + (-14)(x-3)^2 - (x-3)^3$（$= 0$）

でもあるのです。

このとき、「商三」ということから、

・$y = x - 3$

が成り立ちます。

そこで、

・$y = 0$

とおくと、

・商三

が得られるということになります。

このように、図10－１の例題は、定数項がゼロになるような商３を探していることに他なりません。

◆第6節　開方式の解き方その二（得商）

ここで扱うのは、商の立て方です。目的の商に行き着くまでに計算パターンを繰り返すことで商を求める仕方です。これが「得商」（次頁図11―1）です。

例題に入る前に、「得商」の説明をみましょう。説明を短いステップに分けて列挙してみましょう。

①商一を立て
②隅自りこれを命じて
③実に到り
④異減同加して
⑤実余らば
⑥復た商一を立て
⑦前の如く実に到る
⑧逐って此の如くして
⑨実尽くれば
⑩立てたるところの商相併せて

⑪定商と為す

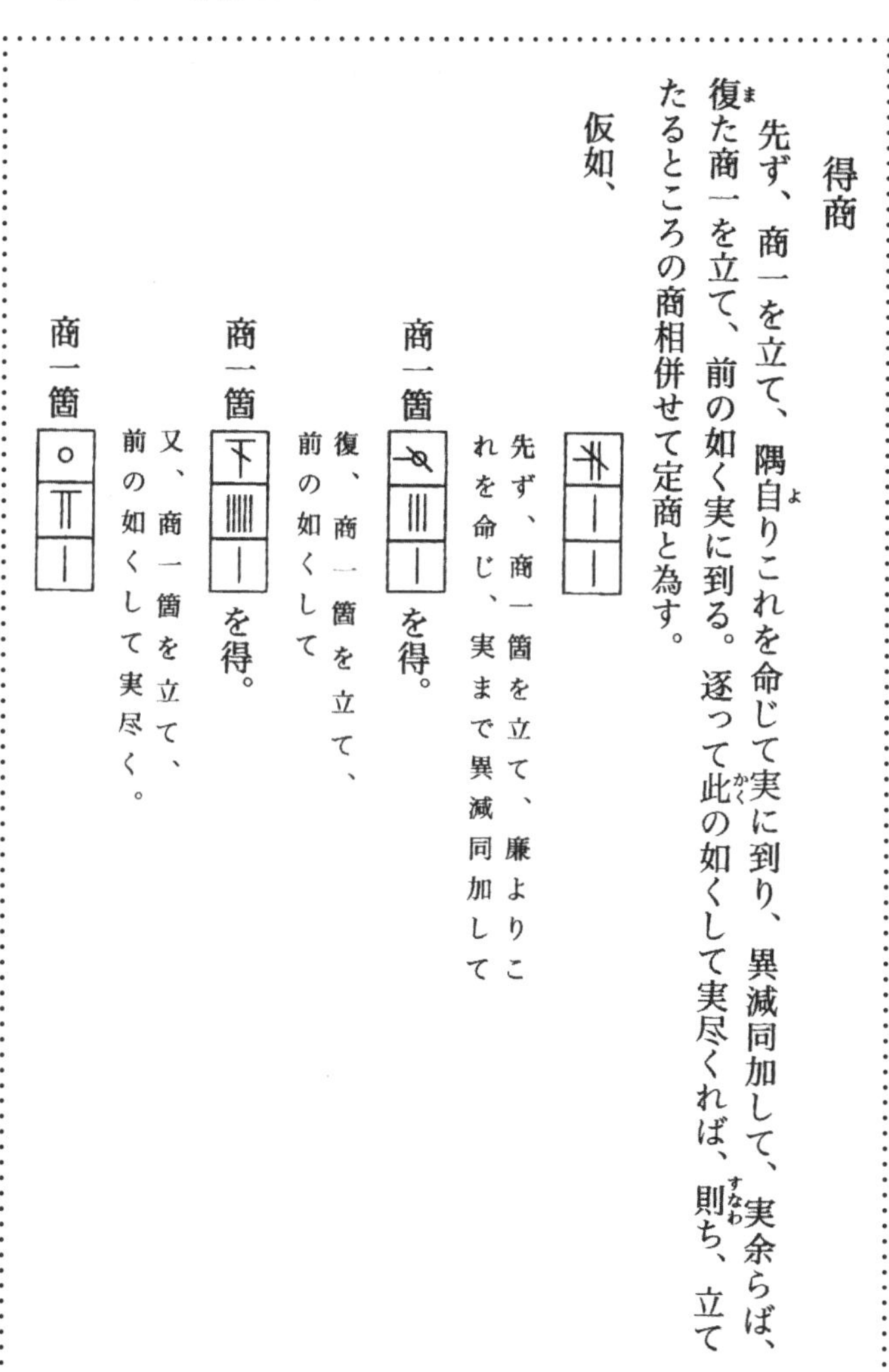
得商

先ず、商一を立て、隅自(よ)りこれを命じて実に到り、異減同加して、実余らば、復(ま)た商一を立て、前の如く実に到る。逐って此(かく)の如くして実尽くれば、則(すなわ)ち、立てたるところの商相併せて定商と為す。

仮如、

先ず、商一箇を立て、廉よりこれを命じ、実まで異減同加して

商一箇　を得。

復、商一箇を立て、前の如くして

商一箇　を得。

又、商一箇を立て、前の如くして実尽く。

商一箇

図１１－１

仍(よ)って、立てたる所の商を相併せ、三を得、定商と為す。
或は実翻えりて尽くる能(あたわ)ざれば、負商を立て、前の如く実に到り、異減同加して実尽くれば、則(すなわ)ち、前商相併せたる内(うち)負商を併せ減じたるを定商と為す。

図１１－２

このように11個のステップを取り上げていますが、

・簡単には商が見つりませんよ

ということを前提にして、

・その見つけ方を説明している

のです。そして、

・①で先ず商一から入りましょう

というわけです。また、

・⑤になったら初めから計算を繰り返す

のです。そして

・計算を積み重ねることで⑨のように「実尽くれば」（定数項ゼロ）が生まれる

と、

・目指す商になる

というわけです。

この「得商」という捉え方で例題を考えようというのです。

それでは、前掲の図11―１および２の例題に目を向けて見ましょう。

例題の開方式は、次の二次方程式です。

・開方式 $(-12) + x + x^2 (= 0)$

この商を求めるに当たって三段階を踏んでいます。

先ず注意したいことは、「得商」の説明の時には、「商一」を使っていますが、例題の説明に入るときの第一段階では「商一箇」としているところです。

つまり、商を求める途中に使う仮の商では「商〇箇」を使って結果の商と区別しているのです。ここは見落とし出来ません。

さて、三段階の途中経過を学校数学で図解すると図11―３（次頁）になります。そしてそれぞれの段階で求めた方程式は、図11―３の①②③になります。これを学校数学で表現すると、次のようになります。

第一段階の方程式　$0 = -10 + 3(x-1) + (x-1)^2$

第二段階の方程式　$0 = -6 + 5(x-1-1) + (x-1-1)^2$

第三段階の方程式　$0 = 0 + 7(x-1-1-1) + (x-1-1-1)^2$

したがって、$x - 3 = 0$ が、求める商ですから、

段階	実	方	廉	商
	−12	+ 1	+ 1	(+ 1
	+ 2	+ 1		
	−10	+ 2	+ 1	
		+ 1		
①	−10	+ 3	+ 1	(+ 1
	+ 4	+ 1		
	− 6	+ 4	+ 1	
		+ 1		
②	− 6	+ 5	+ 1	(+ 1
	+ 6	+ 1		
	0	+ 6	+ 1	
		+ 1		
③	0	+ 7	+1	

図１１－３

その内容は次の通りです。

・或は実翻えりて尽くる能(あたわ)ざれば

・負商を立て

・前の如く実に到り、異減同加して

・x＝3

が得られます。

このことを図11—2では、次のように説明しているのです。

・仍(よ)って

・立てたる所の商を相併せ

・三を得

・定商と為す

これで例題の説明は完結していますが、更に添え書きとして二行があります。

・実尽くるば
・則ち、前商相併せたる内、負商併せ減じたる
・定商と為す

ここで説明しているのは、この例題が商正だけを使って実（定数項）をゼロに導いたけれども、実がゼロにならない場合もあって、そうした場合には正の数だけを使うのではなく、負の数も使って「実尽くる」ようにしようということです。そして負の数を使ったときは、それまでの正の数を使ったときの商の和に負商（絶対値表現なっている！引用者）を引き算のように加えるということです。

解の探し方（図12―1）

こうした添え書きにかなうような例題が、この直後に用意されています。それが図12―１（次頁）です。

先ず、例題の開方式（方程式）は、次のような三次方程式です。

・$(-18) + 24x + (-11)x^2 + 2x^3 \ (=0)$

この方程式を三段階で解いています。

・先ず、商一箇をたて
（「商一」と表現していないことに注目しょう）

・隅よりこれを命じ（「隅」は三次の係数です）

・実に到る

仮如、

先ず、商一箇を立て、隅よりこれを命じ、実に到る。異減同加して

商一箇

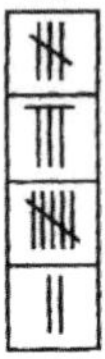

を得。

又、商一箇を立て、前の如くして実翻えりて尽くる能わず。

商一箇

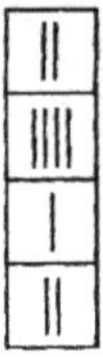

又、負商五分を立て、前の如く異減同加して、実尽く。

負商 五分

仍って立てたる所の商相併せ、二箇を得、内負商五分を減じたる余り一箇五分を定商と為す。

図１２－１

（同じような計算して実（定数項）まで来る）
・異減同加して
（それぞれ加減計算をして）
その結果、次の商一箇の開方式が得られる。
・$(-3) + 8y + (-5)y^2 + 2y^3$（＝ 0）
次に、この開方式を使って、
・又、商一箇を立て
・前の如くして
・実翻えりて
（定数項の符号が負から正に変わった！）
・尽くる能わず
（定数項がゼロにならない！）
すなわち、二回目の商一箇の開方式は、次のようになります。
・$2 + 4z + 4z^2 + 2z^3$（＝ 0）
定数項が２でゼロではありませんから、この開方式を使って同じような計算を続けます。
・又、負商五分を立て

・前の如く異減同加して
・実尽く
（定数項がゼロになりました！）

このようにして、求める商が得られるところまできたというのです。そしてこのときの開方式は、
・$0 + 4.5u + (-2)u^2 + 2z^3$（＝0）
というようになるという。

しかし、開方式を添えただけでは商が得られたというわけではありません。商はどのようにして得られるのかが、次に書かれています。
・仍（よ）って
・立てたる所の商相併せ、二個を得
・内商五分を減じたる
・余り一箇五分を定商と為す
と説明しています。

大変分かりやすい説明のようですが、
・なぜ「商相併せ二箇」なの？
・「内商五分を減じ」なの？

という疑問がでてきます。

そこで、これまでの計算過程を学校数学で図表にして見ると、図12—2になります。

段階	実	方	廉	隅	商
	−18	+24	−11	+ 2	(+ 1
	+15	− 9	+ 2		
	− 3	+15	− 9	+ 2	
		− 7	+ 2		
		+ 8	− 7	+ 2	
			+ 2		
①	− 3	+ 8	− 5	+ 2	(+ 1
	+ 5	− 3	+ 2		
	+ 2	+ 5	− 3	+ 2	
		− 1	+ 2		
		+ 4	− 1	+ 2	
			+ 2		
②	+ 2	+ 4	+ 1	+ 2	(−0.5
	− 2	0	− 1		
	0	+ 4	0	+ 2	
		0.5	− 1		
		+4.5	− 1	+ 2	
			− 1		
③	0	+4.5	− 2	+ 2	

図１２−２

図12ー2での段階を示す①②③は、計算途中に現れている開方式です。これらの式は前述しました。そしてx、y、z、uの関係は、次のようになります。

- $y = x-1$
- $z = y-1$
- $u = z-(-0.5)$

ここで、

- $u = 0$

だから、次の計算結果が得られます。

- $z = -0.5$
- $y = 1 + z = -0.5$
- $x = 1 + y = 1 + 0.5 = 1.5$

こうした事から、図12―1の例題の最後の二行の説明文は解けたことになります。

2016. 7. 26. セッションの様子

◆第7節　開方式の解き方その三

前節の図12―1の例題の解法は、筋が通っていて見事でしたが、いろいろな疑問が生まれます。

「図12―1で、商一箇、続いて商一箇と続けるのは面倒ですね。商が予測できないの？」

「商を予測する方法があるのでしょうか」

などの疑問です。

確かにいい質問です。当時の和算家にもこうした疑問が出てきていたのでしょう。その疑問に答えているのが、次の図13―1なのです。

図13―1の説明を読んでいきましょう。

> **或は実に不尽あらば、方を以って、開商の位数に随い、実を除して、得る所を以って、開きたる商に正負に依りて加減し、次商と為す。これを以って隅より命じ、実に到りて、前の如く方を以って実を除して得る所を以って又次商を加減するなり。次第此（かく）の如くして定商を得。**

図１３－１

①実に不尽あらば
（定数項がゼロにならないときは）
②方を以って
（一次の項の係数で）
③開商の位数に随い
（今まで求めてきている商、すなわち途中の開方式の枡目の位置（次数））
④実を除して
（定数項を割る）
⑤得る所を以って開きたる商に正負に依りて加減し
（割算をして、その結果を正の数にするかあるいは負の数にするかを見極める）
⑥次商となす
（次の開方式の商とする）

これが二行目の中途までの説明です。この説明で大事なのは、②と④です。何らかの商を立てて実（定数項）がゼロにならないとき、次にどんな商を立てればよいか困るときがあります。そうしたときがあるなら、

・「方を以って実を割る」

と商の候補が得られるということです。このことから、商の立て方の見通しが得られ

るわけです。
この続きを見ていきましょう。
⑦これを以って
⑧隅より命じ
⑨実に到りて
⑩前の如く
⑪方を以って実を除し
⑫得る所を以って又次商を加減する
⑬次第此の如くして定商を得
このように⑦～⑫までの計算を繰り返すことが可能であるような方程式（開方式）であれば必ず「定商」（解、根）はやがて得られるという。

ここで横道にそれますが、いまの学校数学では①～⑬までの過程をつかって方程式を解くという視点は皆無でしょう。つまり学校数学には、いま、こうした解の求め方は扱っていないということです。このことは明治維新政府の方針に起因し、日本の「伝統的な数学」を捨ててしまったことの表れなのです。

解の見つけ方その二――「方」で「実」を割る

次の例題の図13―２と図13―３は、いま説明してきた解法の①～⑬に該当するような内容として扱われています。

どんな解き方をしているのでしょうか。

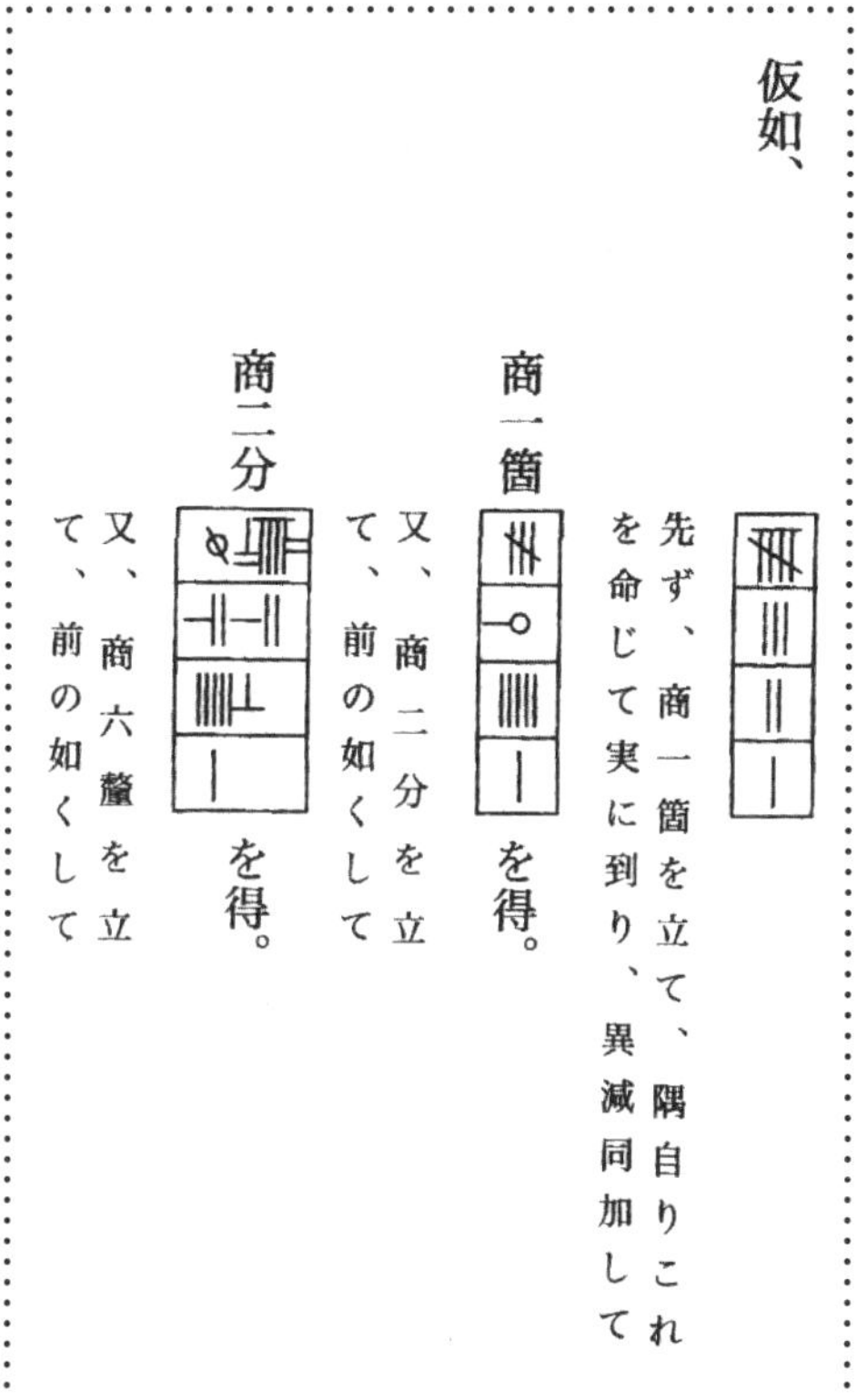

仮如、

先ず、商一箇を立て、隅自りこれを命じて実に到り、異減同加して

商一箇　を得。

又、商二分を立て、前の如くして

商二分　を得。

又、商六釐を立て、前の如くして

図１３－２

ごらんのように、図13―２の開方式は、次のような三次方程式です。

・$(-9) + 3x + 2x^2 + x^3$ （＝0）

この開方式で、商の立て方について図13―2では説明がなく、

・「商一箇」

・「商二分」

を立てています。そしてそれぞれの結果としての開方式を挙げています。

二つの開方式の定数項を見ると、後者の定数項は、

・負の小数の −0.792

を表しています。つまり、

・小数第一位から第三位までの計算

をしているのです。

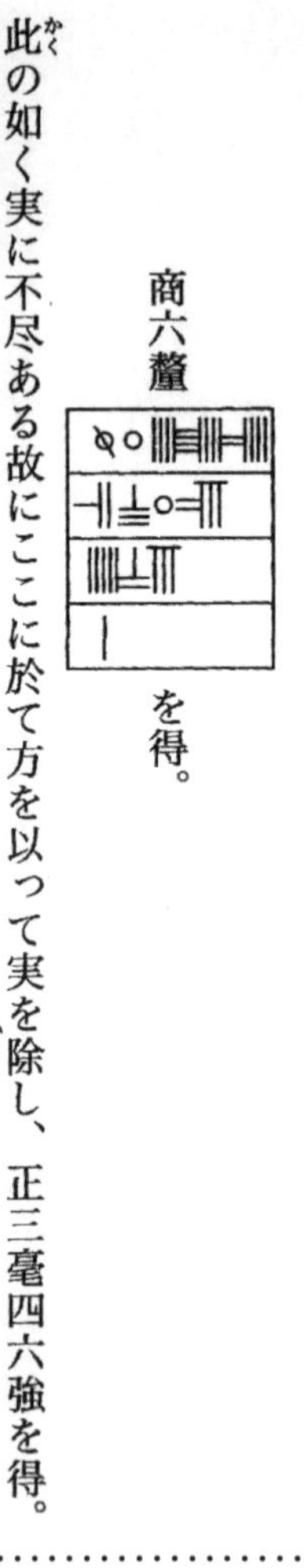

図１３－３

でも定数項はゼロになっていません。そこでこの続きとして図13―3になります。

図13―3では、

・「商六厘」

を立てています。この結果の開方式の係数を見ると、ここにも小数表現が登場し、

・定数項のゼロでない数は小数第二位から第六位までの計算

になっています。この数値まで細かくソロバンで計算するのは簡単ではありません。

それでも定数項はゼロになっていません。

こうした計算結果は学校数学で見ると、図13―4になります。

図13―4を見ると、かなり面倒な計算の繰り返しに見えます。そして、③（三番目）の開方式の定数項を見ると、定数項は小数第二位に「ゼロ以外の数字」が並び、小数第六位まで求めています。定数項はゼロに近い細かな数値に見えます。それでもさらに同じような繰り返しの計算をするのかというと、続きの開方式がありません。同じ計算はしないということになります。その代わりにというわけで、図13―3の最後の二行が添えられているのです。

この二行には、どんなことが書かれているのでしょうか。書き写してみると、

・此の如く実に不尽ある故

・ここに於て方を以って実を除し

段階	実	方	廉	隅	商
	− 9	+ 3	+ 2	+ 1	(+ 1
	+ 6	+ 3	+ 1		
	− 3	+ 6	+ 3	+ 1	
		+ 4	+ 1		
		+10	+ 4	+ 1	
			+ 1		
①	− 3	+10	+ 5	+ 1	(+0. 2
	+2. 208	+1. 04	+0. 2		
	−0. 792	+11. 04	+5. 2	+ 1	
		+1. 08	+0. 2		
		+12. 12	+5. 4	+ 1	
			+0. 2		
②	−0. 792	+12. 12	+5. 6	+ 1	(+0. 06
	+0. 747576	+0. 3396	+0. 06		
	−0. 044424	+12. 4596	+5. 66	+ 1	
		+0. 3432	+0. 06		
		+12. 8028	+5. 72	+ 1	
			+0. 06		
③	−0. 044424	+12. 8028	5. 78	+ 1	

図１３－４　　筆者注　ここで注目したいのは登場する小数以下の桁の大きさです。小数第二位にゼロでない数が登場し第六位まで計算しているという事実です。より精密な数値を求めてソロバンを自在に操っていた跡が読み取れます。ソロバンは計算には必需品であったことが頷けます。

・正三毫四六強を得
ここで「正」となっているところに注目しましょう。方で実を割ると、方が負で実が正ですから、結果は負の数になってしまうはず。けれども、ここでは「正」としているのです。つまり符号を無視した絶対値を使っていると考えられます。また、実際に関数電卓で計算してみると、
・0.044424 ÷ 12.8028 ＝ 0.0034698・・・
となっていますから、小数第五位までを生かしています。
つまり、「方」で「実」を割ったときの絶対値を生かして、
・前の開商に加入し、
(開商とは、先に求めた仮の商を指す)
・共に一箇二分六三四六強を得
(1 ＋ 0.2 ＋ 0.06 ＋ 0.00346 ＝ 1.26346)
・次第此の如くして定商を得
と、説明しています。

このように、定数項が小数第二位になってくるようなときは、繰り返しの計算を打ち切って、定数項を一次の係数（負の数の場合はプラスの数にして）で割った数値を商として、この以前に求められている商に加えようというのです。

図13―3の最後の添え書き二行の意味

では、このような意図を反映した添え書きの二行は、どんな意味をもっているのでしょうか。

筆者の想像ですが、「方を以って実を除し」という数値を商として同じ計算を繰り返すと、得られた開方式の実（定数項）は、その前の開方式の実よりも「よりゼロに近い」結果になるという見通しがあるということでしょう。このような見通しを確信しているから二行が生まれたのでしょう。

「方を以って実を除し」の捉え方の意図

それだけでなく、この二行にはもっと深い意味が隠されているように筆者には見えます。

というのは二行には、

・開方式の捉え方

が背景にあって、同時に、

・「解くとは」の意味とねらい

を含んでいることです。

言い換えると、

・開方式を解くとは解が実際に活用できるように数値化する

ということであって、しかも

・数値は近似値でよい

というのです。

このねらいは、

・解は使えるように求める

という視点です。

・解の存在と使用可能数値

といってもよい視点です。

こうした開方式への捉え方は今の学校数学には存在しません。とりわけ、

・解は近似値でも良い

という視点は学校数学にはありません。

ここに現在の学校数学と異なった関孝和の数学観が見られるといえるでしょう。

2016. 12. 27. セッションの様子

第3章　解伏題之法

◆第1節 「真術」と「虚術」

本章は、関孝和の「三部抄」の三番目の「解伏題之法」を扱います。この冒頭に登場するのは図1―1です。何を意味しているのでしょうか。

伏題を解く法　凡て六篇

関孝和編

真虚第一

真術の得る所に随いて、逐って虚術を求むるなり。

仮如、勾股あり。只云う。勾を実と為し、平方にこれを開きて得たる数と弦の和若干。又云う。勾股の和若干。勾を問う。

真術は勾を得。

只云数あり。股あり。勾あり。

虚術は勾の開方数を見す。

只云数、股、勾に依り前式を得。

勾に依り後式を得。

図1－1

まず、図1―1のはじめの表題から見ていきましょう。どんな事柄を指しているのでしょう。

・「真虚」とは、求める解を未知数におくことが「真」で、所定の未知数を求めるのにさらに未知数を使うことが「虚」

・「勾股」とは、図1―2のように直角三角形

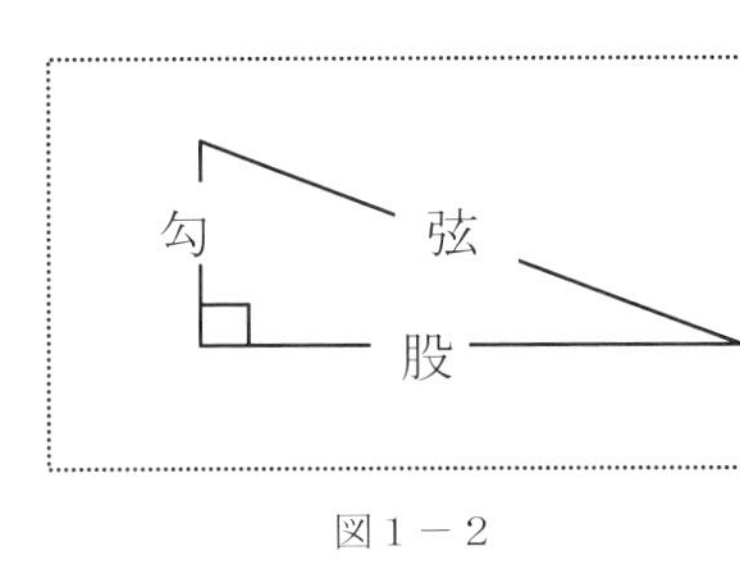

図1―2

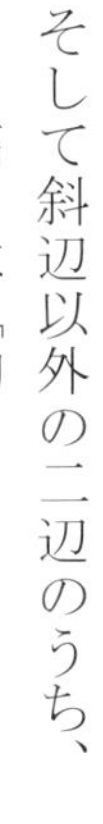

そして斜辺以外の二辺のうち、

・高さは「勾」

・底辺は「股」

勾は、「勾配の勾」と捉えてもよいでしょう。

次に、図1―1の問題文を読みましょう。

問題文前半の「勾を実と為し、平方に開きて得たる数と弦の和若干」とは、次のようになります。

・「勾を実と為し」とは、「実」が定数項のような意味合いがあるので、ここでは勾を定数としようという意味程度。

・「平方にして開きたる数」とは、正の平方根

・「弦」とは、直角三角形の斜辺を指す

問題　次の①②③から、x、y、zをa，bで表しなさい。

$\sqrt{x} + y = a$　・・・・・・①

$x + z = b$　・・・・・・②

$x^2 + z^2 = y^2$　・・・・・・③

解）以下は、筆者が作成した解答です。

①から、$y = a - \sqrt{x}$　・・・・・・④

②から、$z = b - x$　・・・・・・⑤

④⑤を③に代入する。

$x^2 + (b - x)^2 = (a - \sqrt{x})^2$

$x^2 + b^2 - 2bx + x^2 = a^2 - 2a\sqrt{x} + x$

$x^2 + (-2b - 1)x + 2a\sqrt{x} + b^2 - a^2 = 0$

ここで、$\sqrt{x} = t$とおく。

$t^4 - (2b + 1)t^2 + 2at + b^2 - a^2 = 0$　・・・⑥

このtについての4次方程式⑥の解が得られると、xはtの平方ですから、①、②からy、zが求められる。

図1－3

・「若干」とは、任意の定数（既知の数）

こうしたことから、これらの内容を学校数学で式表現しよう。

勾を未知数x、弦を未知数y、既知の数をaとすると、問題文前半は、図1―3①になります。

次に、問題文後半の「勾股の和若干」ですが、図1―2の図形表現をもとに、「股」をz、和若干をbとしよう。すると、問題文後半は図1―3②になります。

これらの条件①②からxをa、bで表しなさいというのが問題です。

しかし、まだ隠れた条件があるのです。それは「勾股」という表現がありますから、「三平方の定理」が条件に加わります。これが図1―3③です。

以上の①②③を使って、xをa、bで表しなさいというのが例題1―1です。

さて、どのように解くことになるのでしょうか。「解伏題之法」には解答が示されていませんので、筆者が独自に図1―3のように解いてみました。図1―3の中の四次方程式⑥が解けることが鍵でしょう。この解法は、「解隠題之法」とつながるのです。

次の問題に移ります。図2―1です。

> 仮如（たとえば）、三斜あり。積若干。只云う。大斜再自乗数と中斜再自乗数相（あい）併せて共に若干。
> 又云う。中斜再自乗数と小斜再自乗数相（あい）併せて共に若干。大斜を問う。
> 真術は大斜を得。

図2―1

問題文を読んでいきましょう。問題文には目新しい用語が登場していますから、用語の説明から進めましょう。

・「三斜」とは、三角形のことで、ここでは大、中、小の不等辺三角形

問題　図２－１の問題文は次のようになります。

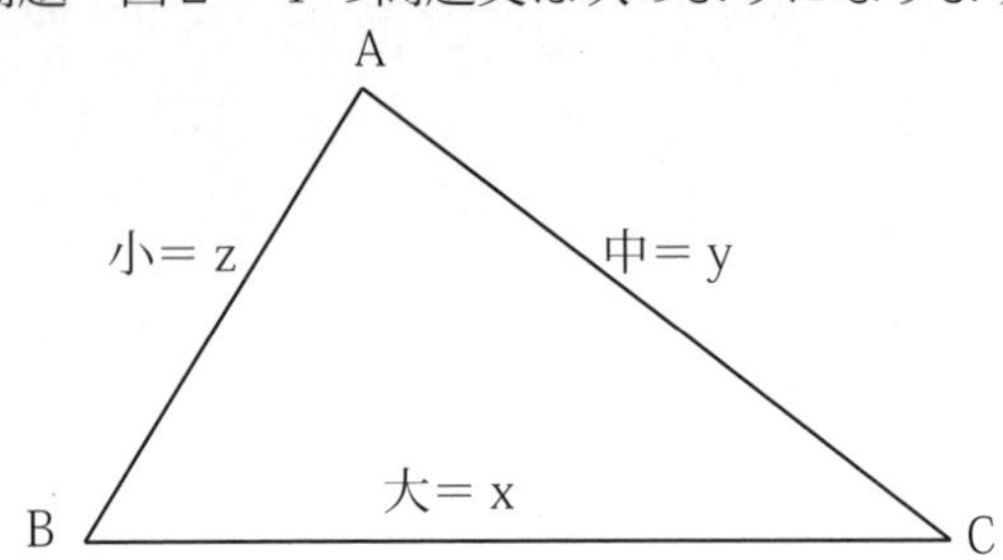

△ＡＢＣにおいて、ＢＣ＞ＣＡ＞ＡＢすなわち、

$x > y > z$　とする。このとき、問題文は次のようになります。

三角形ＡＢＣの面積をsとする。・・・・・・①

$x^3 + y^3 = a$　・・・・・・・②

$y^3 + z^3 = b$　・・・・・・・③

上記の①②③から、xをa、b、sで表しなさいというのが設問です。

図２－２

・「積若干」とは、面積が既知であるということ

・「大斜再自乗数」とは、一番長い辺を表わす数を三乗した数

・「中斜再自乗数」とは、三辺の真ん中の長さを表す数を三乗した数

・「相併せて共に」とは、両者を加えること

・「小斜再自乗数」とは、三辺のうち一番短い辺の数を三乗した数

これらの用語をもとに、問題文を学校数学の表現で書いてみましょう。まず三角形の三辺に大小がありますから、それぞれの辺に文字変数を当てはめましょう。これが図２―２の前半です。また問題文に登場している条件は３個で、これらが図２―２の①②③です。

ごらんのように、この問題では、条件①がキーポイントになるでしょう。この条件①を辺の関係に代えていかなければなりません。

このプロセスをどのように解決していったのでしょうか。

導き方が図２―３（次頁）に出ていますので読んでみましょう。

この導き方を見ると、

①「積あり」

②「中斜再自乗数あり」

③「小斜再自乗数あり」

④「大斜あり」

を使って、

・「虚術は中斜を見す」

とあります。

つまり、図２―２の①③をもとに大斜では無く、中斜のｙをｓ、ｚ、ｘで表そうと

いうのです。この求め方は、間接的な解法ですから、「虚術」というのです。しかし、
この解法の過程が明確ではありません。
そこで筆者は独自に考えました。
これが図2―4及び図2―5です。

積あり。中斜再自乗数あり。小斜再自乗数あり。大斜あり。
虚術は中斜を見(あらわ)す。
積、小斜再自乗数、大斜に依り前式を得。
中斜再自乗数に依り後式を得。
積あり。小斜再自乗数あり。大斜あり。中斜あり。
虚術は小斜を見(あらわ)す。
積、大斜、中斜に依り前式を得。
小斜再自乗数に依り後式を得。

図2－3

図２－１の例題の解答（筆者の独自解答）

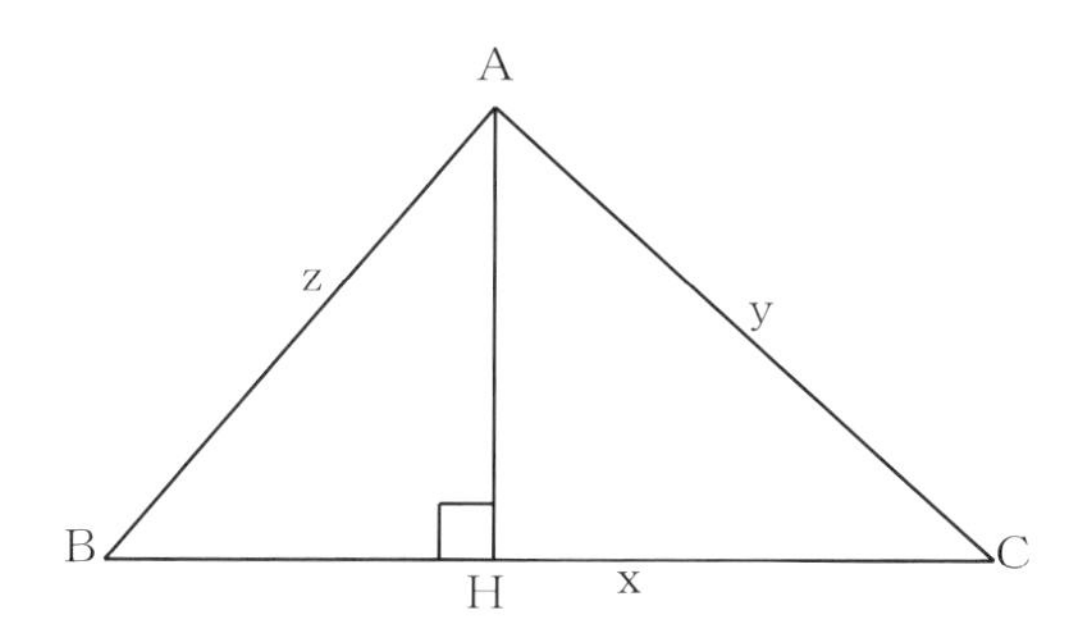

三角形ＡＢＣにおいて、頂点ＡからＢＣへ垂線を引きＢＣとの交点をＨとする。

ＢＨ＝ｕとおくとき、

$HC = x - u$　・・・・・④

また、△ＡＢＨと△ＡＨＣにおいて、三平方の定理が成り立つから、ＡＨ＝ｈ とすると、

$z^2 = u^2 + h^2$　・・・・・・・⑤

$y^2 = (x - u)^2 + h^2$　・・・・・・・⑥

また、　$S = \frac{1}{2}xh$　・・・・・・・・⑦

⑦から、　$h = \frac{2s}{x}$　・・・・・・・・⑧

⑤に⑧を代入すると、

（以降、図２－５へ）

図２－４

（図２－４の続き）

$$z^2=u^2+(\frac{2s}{x})^2$$

すなわち、$x^2z^2=u^2x^2+4s^2$ ・・・・・⑨

同様に、⑥に⑧を代入すると、

$x^2y^2=(x-u)^2x^2+4s^2$ ・・・・⑩

次に⑤⑥から、

$z^2-y^2=u^2-x^2+2xu-u^2$

だから、$u=\frac{x^2-y^2+z^2}{2x}$ ・・・・・・・⑪

⑨⑪から $x^2z^2=(\frac{x^2-y^2+z^2}{2x})^2x^2+4s^2$

すなわち、変形して整理すると、

$4x^4z^2=\{x^4+y^4+z^4+2(-x^2y^2-y^2z^2+z^2x^2)\}x^2+16s^2x^2$

$x^4+(-2y^2-2z^2)x^2+(y^4+z^4-2y^2z^2)+16s^2=0$

・・・⑫

以上のことから、⑫と下記の採録②③の、

$x^3+y^3=a$ ・・・・・・②

$y^3+z^3=b$ ・・・・・・③

と連立させて、y、zを消去して、a、bを係数とするxの方程式を作ることになりますが、この先が難しい。

図２－５

このように解いてみたのですが、この先の計算は見えません。とりわけyやzの三乗の式から二乗の式を作るのが難しい。

それでは次の図3―1の例題に移りましょう。

仮如（たとえば）、甲、乙、丙、丁、戊なる平方各（おのおの）一あり。只云う。甲乙積差若干。乙丙積差若干。丙丁積差若干。丁戊積差若干。又云う。甲乙丙丁戊方面の和若干。甲方面を問う。

　真術は甲方面を得。

乙積あり。丙積あり。丁積あり。戊積あり。乙丙丁戊方面の和あり。

　虚術は乙方面を見す（あらわす）。

　　丙積、丁積、戊積、乙丙丁戊方面の和に依り前式を得。

　　乙積に依り後式を得。

丙積あり。丁積あり。戊積あり。丙丁戊方面の和あり。

図3－1

図3―1に例題の設問を読みましょう。

①「甲、乙、丙、丁、戊なる平方各一あり」
（それぞれ正方形があるということ）

②「甲乙積差若干」

（甲と乙の面積の差は既知であること）

③「乙丙積差若干」

④「丙丁積差若干」

⑤「丁戊積若干」

⑥「甲乙丙丁戊方面の和若干」

⑦「甲方面を問う」

こうした①〜⑥をもとに、⑦をもとめなさいというのが、図3―1の設問です。その解法を述べているのは図3―1の後半と図3―2です。

虚術は丙方面を見す。

丁積、戊積、丙丁戊方面の和に依り前式を得。

丙積に依り後式を得。

丁積あり。戊積あり。丁戊方面の和あり。

虚術は丁方面を見す。

戊積、丁戊方面の和に依り前式を得。

丁積に依り後式を得。

右の各虚術は、逐って、次前の虚術を以って真術と擬するなり。

図3―2

図３－１の設問　(学校数学を使っての表現)

いま、甲、乙、丙、丁、戊のそれぞれの正方形の一辺を未知数ｘ、ｙ、ｚ、ｕ、ｗとする。

ただし、$x>y>z>u>w$。

また、ａ、ｂ、ｃ、ｄ、ｅは既知とすると設問は、次のように表すことが出来ます。

$x^2-y^2=a$　　・・・・①

$y^2-z^2=b$　　・・・・②

$z^2-u^2=c$　　・・・・③

$u^2-w^2=d$　　・・・・④

$x+y+z+u+w=e$　　・・・・⑤

図３－３

それでは、図３―１の設問を学校数学で表現しましょう。その際、甲、乙、丙、丁、戊の正方形の一辺に大小をつけておくことにしました。というのも「差」ですから、大きい方から小さい方を引くという意味が「差」にあるからです。

こうして設問を学校数学で表現したのは図３―３になります。

この設問に対して、その解き方を述べているのは、図３―１と図３―２です。

まず、

・「真術は甲方面を得」

とありますから、求める解は、直接、「甲」であるということです。これに対して、乙、丙、丁を求めるのは、「虚

図３－３の設問の解答（筆者のオリジナル）

図３－３より、ｘをａ、ｂ、ｃ、ｄ、ｅで表そうということになります。

そこで、①から、　$y^2 = x^2 - a$　・・・・⑥

②⑥から、　$z^2 = x^2 - (a + b)$　・・・・⑦

③⑦から、　$u^2 = x^2 - (a + b + c)$　・・・・⑧

④⑧から、　$w^2 = x^2 - (a + b + c + d)$　・・・・⑨

ここで、⑤に⑥⑦⑧⑨を代入すると次のような式が得られます。

$$x + \sqrt{x^2 - a} + \sqrt{x^2 - (a + b)} + \sqrt{x^2 - (a + b + c)} + \sqrt{x^2 - (a + b + c + d)} = e \quad \cdots\cdots ⑩$$

これが図３－１の解答になります。

しかし、根号のない方程式に変形しなければ解を見つけることは出来ません。さてどうするか？

（以下、図３－５へ）

図３－４

術」であるとして説明しています。

では、どのように解くのでしょうか。

その解法の経過は説明されていません。

推測するだけです。

そこで筆者は、図３－４のように考えました。

図３－４での解答で課題は、根号を外すことです。

ここでの方程式⑩では根号のある項は四項です。これらの根号を外すことを目指すことになります。

（図3－4の続き）

根号のある項をなくすには？そのときのxの次数は？

たとえば、式⑩を遡り、式⑤を変形して次の式(*)としましょう。

$$y+z+u+w=e-x \quad \cdots\cdots(*)$$

ここで式(*)の両辺を二乗してみましょう。

$$\{(y+z)+(u+w)\}^2=(e-x)^2$$

これを整理すると、次のようになります。

$$y^2+z^2+u^2+w^2$$
$$+2(yz+uw+yu+yw+zu+zw)$$
$$=e^2-2ex+x^2$$

更に、変形します。

$$2(yz+uw+yu+yw+zu+zw)$$
$$=e^2-2ex+x^2-(y^2+z^2+u^2+w^2)$$

ここで左辺の括弧の中を見ると項の数が6個になっています。また左辺を式⑩でみると、根号のある式の項数が6個に増えていることになります。このことは、式(*)の左辺では根号のある式が4個であったのに平方することで6個に増えていることになります。

したがって、式(*)の両辺を平方する方式で根号のある式をなくすことは難しいということになります。

では、どうするか？　難問です！

図3－5

そこで図3—5（前頁）のように両辺を二乗します。
そして根号のある項はそのままで、根号の外れている項は右辺に移項する。
そして両辺を平方する。こうしたことを繰り返しても根号は外れませんね。
さて、どうするか。難問です。

2016. 8. 23. セッションの様子

◆第2節　真術と虚術を生かしての問題解法

「真術」と「虚術」の説明をした後に問題を実際に解くということで出された例題は、図4―1です。

両式第二　略、省、約、縮を附す
真虚を得たる後両式を求むるなり。

仮如(たとえば)、方台あり。積若干。只云う。下(上)方差と高の和若干。又云う。下方冪と高冪相(あい)併せて共に若干。上方を問う。

　真術は上方を得。

積あり。下方と高の和あり。又云数あり。上方あり。

図4―1

問題文を読んでいきましょう。

・「方台あり」

ということですから、

・正四角錐台（図４－３）
のことです。

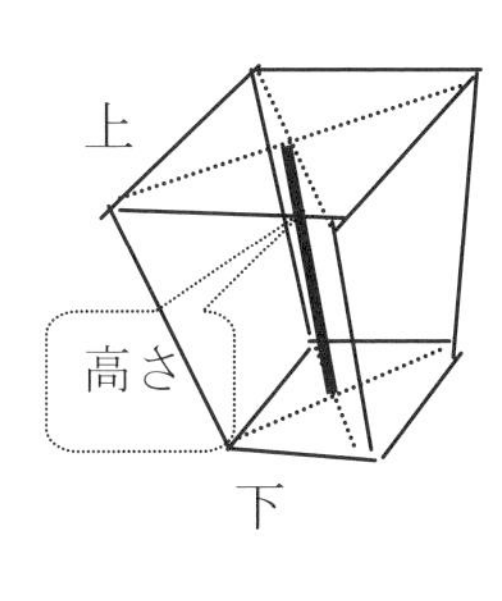

図４－３

①「積若干」
ですから、正四角錐台の体積が既知ということです。
②「下方と高の和若干」
とは、「下方」が正四角錐台の下底のことで、「高」が図４－３のような高さを表して、これら二つの和が既知ということになります。
③「下方冪と高冪相併せ共に若干」
とは、下底の長さを表す数の二乗と高さを表す数の二乗の和が既知であることです。

これら①②③という三つの条件の下で、
・「上方を問う」
ということで、上底の長さを表す数を求めなさいということです。

したがって、上底（上方）を未知数として解くことは「真術」であるということになりますが、その解法の中身は登場していません。

一方、それに対して「虚術」の解法の中身が図４―２（次頁）として登場しているのです。

虚術は高を見す。

前術に曰く。天元の一を立て高と為す。一。以って和を減じ、余り下方と為す 和一 ┼。自乗し 和巾一 和∦ 一、上方の自乗 上方巾一、上下方の相乗 上方和一 上方┼、三位相併せて、高を以ってこれに乗じ、三段の積 上方巾一 上方和一 上方┼ 和巾一 和∦ 一 と為し、左に寄す。

積を列し、これを三たびし、寄左と相消して、前式 積∦ 上方巾一 上方和一 上方┼ 和巾一 和∦ 一 を得。

後術に曰く。天元の一を立て高と為す。一。以って和を減じ、余り下方と為す 和一 ┼。これを自して高冪を加入、共に 和巾一 和∦ ‖ を得、左に寄す。又云数を列し、寄左と相消して後式 和巾一 和∦ ‖ 又云┼ を得。

右各数を以って式を求めず、啻に正負と段数を画きて加減相乗する者の名を傍書するなり。各級中の位、傍書同じくして正負同じき者はこれを相加え、異にするはこれを相減ず。

図4－2

図4―2を読むと、

・「虚術」は、「高」を未知数として解く

ということで、その解法は「前術」と「後術」に分かれています。まず「前術」を見ましょう。

・「天元の一を立て高と為す」

とあるように、高さを未知数として問題を解くことです。

・「以って和を減じ、余り下方と為す」

とは、和が既知ですから、これから高さを引くと余りが出ます。これが下方の数値になるということです。これは図4―4です。

つまり、和をa、「高」をyとすると、「下方」は、

・1×a＋(-1)×y

和

図4－4

すなわち、一次式a－yになります。次に、

・「自乗し」

とありますから、図4―4の一次式の左辺を二乗することです。したがって図4―5になります。学校数学で表すと、

・$a^2 - 2ay + y^2$

和幕

和

図4－5

という二次式になります。さらに、

・「上方の自乗」

図４－６

とは、上方は未知数ですが「虚術」では任意の定数としての数ｘとするので定数x^2となって定数項になりますから、図４―６となります。また、

・「上下方の相乗」

ですから、図４―４と数ｘとの掛け算になりますから、図４―７になります。

上方

和　上方

図４－７

続いて、

・「三位相併せて、高を以って乗じ」

とありますから、図４―５、６、７の各項をそれぞれ加えます。これが図４―８です。

ここで表現されている位置では、１行目が定数項、２行目が一次の項、３行目が二次の項です。これに「高」をかけるのですから、一個の変数をかけることと同じになります。

定数項が一次の項、一次の項が二次の項、二次の項が三次の項になりますから、図４―９になります。この図４―９は、図４―２の本文４行目に書かれていますので確かめましょう。

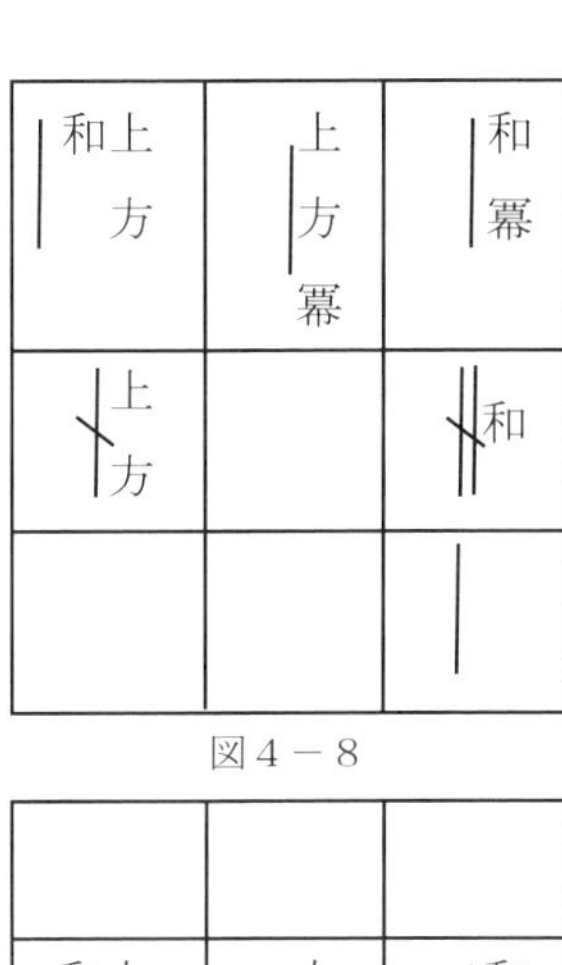

図4－8

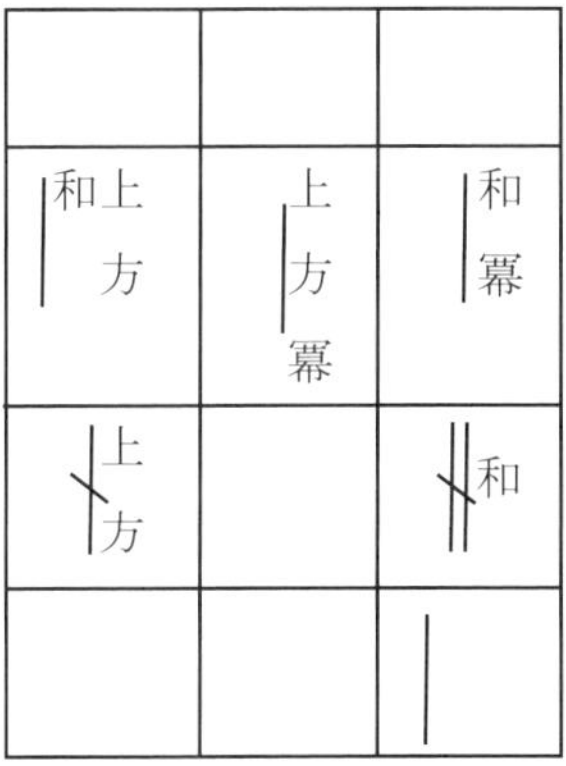

図4－9

続いて、

・「左に寄す」

とは、開方式を作るときの流儀です。左辺に置きということで、次に右辺が登場するのです。これが次になります。

・「積を列し、これを三たびし、寄左と相消して」

とは、積（既知の体積）の3倍を置き、定数ですから、図4―9の式のある側に移項して符号を反対にしてマイナス3としてから定数項に加えるのです。これは、図4―2の5行目の開方式に当たります。そしてこの開方式は「高」についての方程式ですから「虚術」になるのです。

ところで、図４—８はどのようにして導いたのでしょうか。ここがこの例題の核心部分です。しかし、この点が図４—２では全く述べられていません。

とりわけ、正四角錐台の体積はどのように扱われたのか不明です。この不明な部分が明らかにならないと図４—８は理解できません。

なぜ正四角錐台の体積と上底、下底、高さとの関係を省略してしまったのでしょうか。上底、下底、高さを基に正四角錐台の体積を計算したに違いありません。

考えられるのは次の点です。

①当時、正四角錐台の体積は上底と下底及び高さのそれぞれの数値を使って求められた。

②正四角錐台の体積は、上底と下底及び高さの関係として呼称するような言葉表現があって常識化していた。

③常識化されている事柄であったから説明も省いて図４—２でも同様とした。

そこで、筆者は正四角錐台の体積が上底と下底及び高さで表される過程に言及することにしました。これが図４—10及び図４—11です。

ごらんのように正四角錐台の体積は図４—11の式⑦で表されます。式⑦は、上底、下底、高さの位置づけも分かりやすく、関孝和の仲間にとって基礎知識になっていたのでしょう。しかも、正四角錐台の体積を求めることは、日常的な出来事であったの

図４－１の例題（問題文）概略

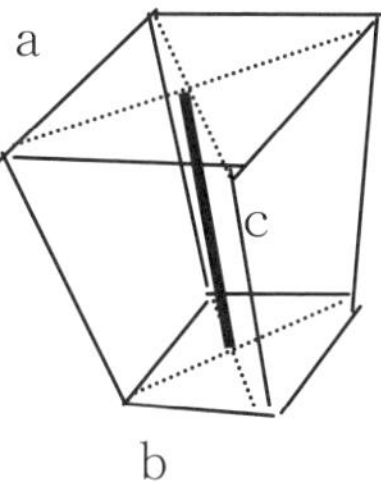

図①

図①を使って、上底をａ、下底をｂ、高さをｃとする。このとき、ａ＞ｂ。また、体積をＶとする。題意の条件から、既知数ｐ、ｑ、ｒを使うと、題意は次のような式①②③になります。

Ｖ＝ｐ　　　　　……①

ｂ＋ｃ＝ｑ　　　……②

$b^2 + c^2 = r$　　……③

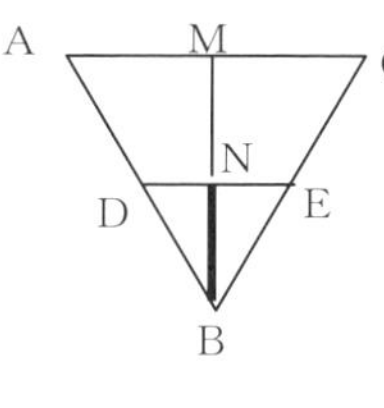

図②

このとき上底の未知数ａを求めるのが、この例題の趣旨です。

そこで、Ｖをａ、ｂ、ｃで表すために図②のように三角形を使って比例式を作ります。そこで、上底の対角線ＡＣ＝$\sqrt{2}a$、下底の対角線ＤＥ＝$\sqrt{2}b$、正四角錐台の高さＭＮ＝ｃ、正四角錐の頂点をＢとし、またＢＮ＝ｄとすると、ＡＣ：ＤＥ＝ＢＭ：ＢＮ

だから、　　　$\sqrt{2}a : \sqrt{2}b = (d+c) : d$

よって、次の式が成り立ちます。

$$d = \frac{bc}{a-b} \qquad \cdots\cdots④$$

（以下、図４－１１へ）

図４－１０

（図４－１０の続き）

続いて「方台」の体積を求めます。正四角錐台の体積は、正四角錐の体積を使って、次のようになります。

$$p=\frac{1}{3}a^2(d+c)-\frac{1}{3}b^2d \qquad ・・・⑤$$

したがって、

$$p=\frac{1}{3}a^2c+\frac{1}{3}(a^2-b^2)d \qquad ・・・⑥$$

となり、ここで④を⑥に代入すると、

$$\frac{1}{3}c(a^2+ab+b^2)=p \qquad ・・・⑦$$

が得られます。この式⑦は図４－２の本文には隠されています。

図４－１１

かもしれません。このような式⑦ですから、図４—２には登場させる必要が無かったのでしょう。

さて、前に戻って、図４—９の計算過程を明らかにしてみましょう。その前に、図４—９を学校数学で書き換えて起きましょう。図４—10では、

・上方はａ

・下方はｂ

・高はｃ

・下方と高の和はｑ

・下方幂と高幂の和はｒ

を使いましたから、これに倣って、図４—９を書き換えてみると、次のように高さｃを未知数とする三次式になります。

「天元の一を立て高と為す」ですから、高さｃを未知数とすることです。したがって、図４－１０②から、

　$b=q-c$と置きます。これを式⑦に代入して両辺に３をかけると、次の式⑧になります。

$$c\{a^2+a(q-c)+(q-c)^2\}=3p \quad \cdots⑧$$

式⑧をｃについて整理すると次の式⑨になります。

$$c^3+(-a-2q)c^2+(a^2+aq+q^2)c+(-3p)=0 \quad \cdots\cdots⑨$$

この式⑨が図４－２の本文５行目に登場する式です。

図４－１２

・$0+(aq+a^2+q^2)c+\{(-a)+(-2q)\}c^2+c^3$

それでは、いま学校数学で表現した式を念頭に、図４―12の計算過程を見ましょう。図４―12の式⑨で、定数項を除いてこの式を見ると、図４―２の五行目とは完全に一致しているのです。

　ということは図４―２の五行目すなわち図４―９の式を導く過程で、関孝和は、図４―11の式⑦を使っていたことが分かります。

　改めて、図４―11の式⑦はキーポイントですね。この式⑦を理解していなければ、この例題を読み解くことは不可能で、納得が得られないということにもなります。

　さて、図４―12の式⑨を改めて見直しましょう。式⑨は、「高」ｃについての三次

図４－２の「後術」について

高（高さ）をｃとし、未知数とする。図４－１０②から、

$$b = q - c$$

これを図４－１０③に代入すると式⑩が得られます。

$$(q - c)^2 + c^2 = r \qquad \cdots\cdots ⑩$$

式⑩を未知数ｃの式に直すと、次のようになります。

$$2c^2 + (-2q)c + q^2 + (-r) = 0 \qquad \cdots\cdots ⑪$$

この式⑪が「後術」に登場している式です。

図４－１３

方程式であって、「虚術」です。ここには上方ａが含まれています。したがって、式⑨はこれで問題の解答になっているというわけではありません。高ｃの値が得られなければ上方ａは求められないのです。

そこで、図４—２には、

・「後術曰く」

が登場しているのです。この計算過程を学校数学で書いてみると、図４—13になります。

図４—13の式⑩を見ると、題意条件②がここに始めて登場しているのです。これで題意条件のすべてが使われたことになります。

ごらんのように、図４—13の式⑪は「高」の未知数ｃの二次方程式です。この中の係数はすべて既知ですから、ｃの値は求めら

れます。このｃの値を図４―12の式⑨に代入すれば、上方のａの値が得られます。

こうして問題の解法を「前術」と「後術」と分けることで、解法を完成させているのです。

以上が例題についての筆者の解説です。どんなことに気づかれたでしょうか。

そこで、再度、図４―２の最後の三行に目を向けて見ましょう。

ここにはまとめの文言がかかれていることが分かります。どんな内容なのでしょうか。

次のような事柄が書かれています。

①「右各数を以って式を求めず」

②「啻に正負と段数を描きて加減相乗する者の名を傍書するなり」

③「各級中の位、傍書同じくして正負同じき者はこれを相加え、異にするはこれを相減ず」

これは、次のように解釈することが出来ます。

①は、具体的な数値のみを係数とする式（方程式）だけに関心を持つだけではなく

②「啻（ただ）」（それだけの意）でなく、「正負」の符号と「段数」（数をあらわす文字に添える数値）を使い、足したり引いたりする文字（者）をその脇に書く（「傍書」）という仕方を取りましょう

③は、方程式の各項の位置（位）に目を向けて、文字係数の符号が同じものや異なるもので加減を按配するようにしようということです。

この視点はきわめて重要です。とりわけ②の「傍書」の表現に注目しましょう。関孝和は、より普遍性があって抽象性の高いような一般の文字係数の方程式を考えていたことが分かります。そして方程式の解を求める仕組みを解明しようとしていたのです。

こうした視点に立って方程式を扱うことを提起しています。

2016. 10. 25. セッションの様子

◆第3節　式変形のいろいろ

その一　略

図5—1をごらんください。図5—1の一行目には、

・「略　位数を略するなり」

とあります。式を扱う途中で省略することが出来る事例を扱っているのかもしれません。続きを読んでいきましょう。

・「高級式中の位、卑級式と同名なる者はこれを略す」

とあります。この中での用語のうち、

・「高級式・・・卑級式」

とあるのは、二式で次数が高い式を「高級」とし、それよりも次数が低い式を「卑級」と呼称しているのです。

・「位」

は、式中の項の位置を表します。

・「同名」

は、二式の中の各項で係数の文字が同じことを指します。

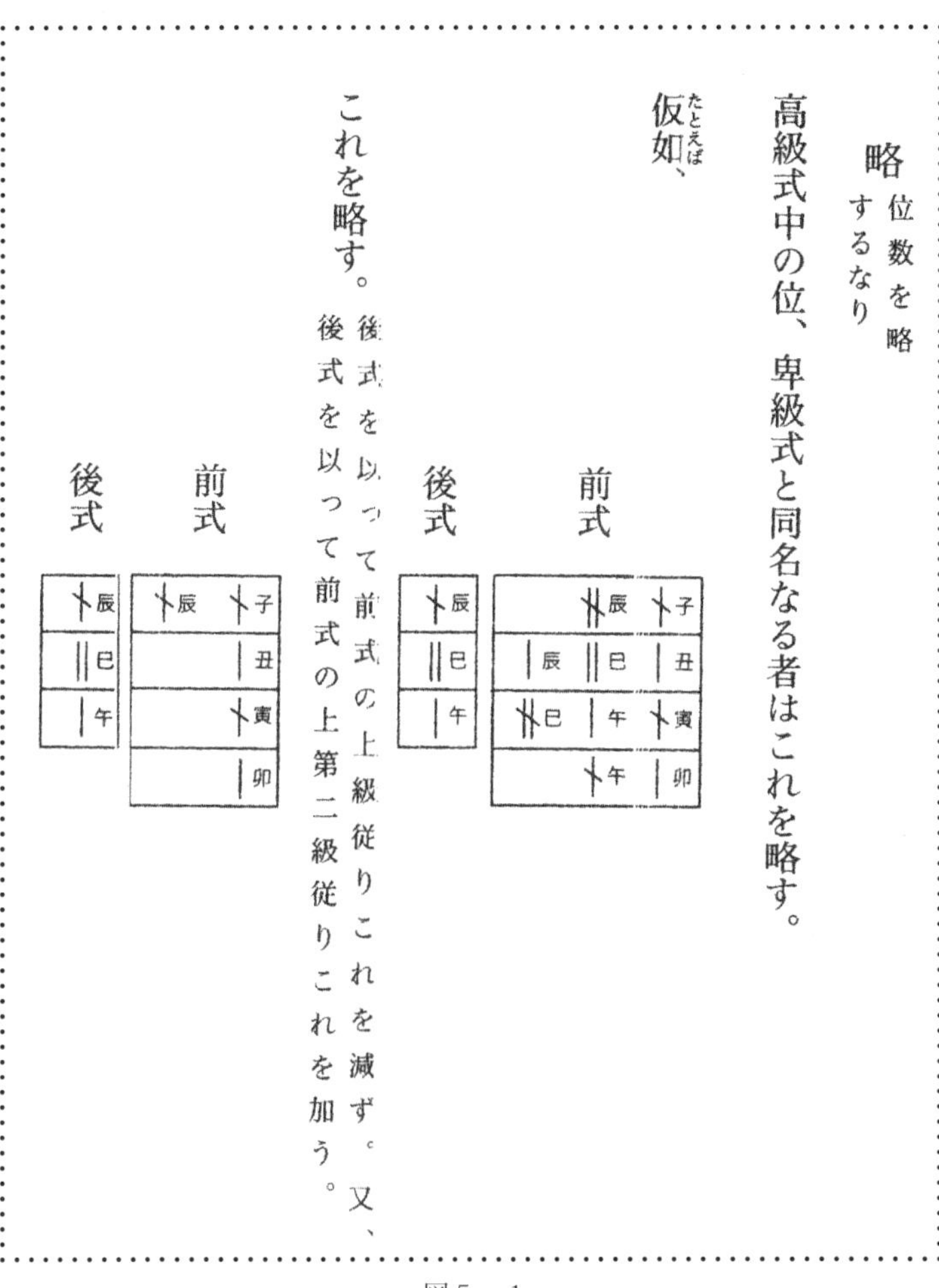
略 位数を略するなり

高級式中の位、卑級式と同名なる者はこれを略す。

仮如（たとえば）、

これを略す。

後式を以って前式の上級従りこれを減ず。又、後式を以って前式の上第二級従りこれを加う。

図5－1

或いは、卑級式の自乗、再自乗、幾自乗にして同名なる者あらば、或いは傍書、段数を互乗して同名なる者あらば、皆当に時宜に依りてこれを略すべし。

図5－2

次に図5―1には事例としての例題が出ています。

例題には「前式」と「後式」があります。これは連立方程式のことです。また枡目には、数値と文字があります。これはこれらを係数とする三次方程式（前者）と二次方程式（後者）のことです。続いて、

・「これを略す」

とあり、次のように説明しています。

・「後式を以って前式の上級従りこれを減ず。また後式を以って前式の上第二級従り加う」

これは、後式が二次で前式が三次ですから、前式に後式の各項の係数が含まれているとき、三次の項から順に引くこともでき、また次数が同じ二次の項で符号が反対のときは加えることができるという説明です。

それでは、この説明を学校数学で表してみましょう。これが図5―3です。

これを見ると文字がたくさんあって分かり難いでしょう。

こうした複雑さを伴う連立方程式を取り上げて、「略」の説明をしているのです。

図5－1例題（学校数学を使っての説明）

子＝a、丑＝b、寅＝c、卯＝d、辰＝e、巳＝f、午＝gと置きます。

前式　$\{(-a)+(-2e)\}+(b+2f+e)x+\{(-c)+g+(-2f)\}x^2+\{d+(-g)\}x^3=0$

後式　$(-e)+2fx+gx^2=0$

ここで、後式で前式を見ると、後式を含む項があります。これは下線で示してあります。以下同様。

$$\{(-a)+\underline{(-2e)}\}+(b+\underline{2f}+e)x+\{(-c)+\underline{g}+(-2f)\}x^2+\{d+(-g)\}x^3=0$$

そこで、これをまとめます。

$$\underline{\{(-e)+2fx+gx^2\}}+\{(-a)+\underline{(-e)}\}+(b+e)x+\{(-c)+(-2f)\}x^2+\{d+(-g)\}x^3=0$$

（以降、図5－4へ）

図5－3

その趣旨は、更に学校数学を使っての図5—3、4を読むと「減ず」「加う」の意味が明確になります。

特に、「加う」の意味が見られるところは、図5—4の上から8行目（下から5行目）、負の符号で括っている部分。省略する仕方としては、後式を加えることになります。

いずれにしてもさまざまな場合を簡単にまとめているところがうまい。

次に、図5—2に目を転じましょう。

ここに書かれている内容

（図５－３からの続き）

ここで、下線の式は後式になりますゼロです。すなわち、

$$\{(-a)+(-e)\}+(b+e)x+\{(-c)+(-2f\}x^2+\{d+(-g)\}x^3=0$$

になります。さらに後式が含まれているかを探します。

$$\{(-a)+(-e)\}+(b+\underline{e})x+\{(-c)+\underline{(-2f)}\}x^2+\{d+\underline{(-g)}\}x^3=0$$

$$\underline{-\{(-e)+2fx+gx^2\}}x+\{(-a)+(-e)\}+bx+(-c)x^2+dx^3=0$$

したがって、

$$\{(-a)+(-e)\}+bx+(-c)x^2+dx^3=0$$

これが省略後の前式になります。

図５－４

は次の通りです。

・「卑級の自乗、再自乗、幾自乗にして同名なる者あらば」

・「或いは傍書、段数を互乗して同名なる者あらば」

・「皆当に時宜に依り手これを略すべし」

この添え書きは、次のような内容になります。

次数の低い方の方程式（卑級）を二乗（自乗）、三乗（再自乗）、何乗かして得られた式があったりまた文字や傍書文字に添えられている数値をかけたりして得られ、これらの式と同じ式が「高級」にあるときは省略しなさいということです。これらの添え書きの実際

は、図5—1の例題を解く中で一部分ですが見られたことです。

その二　省

図6—1を見ましょう。

省　傍書を省くなり

各式の毎級毎位の傍書に同名を遍（あまね）く乗ずる者はこれを省く。

仮如（たとえば）、

寅子	丑子
辰子	卯子
	子

これを省く。　毎級各子を省く。

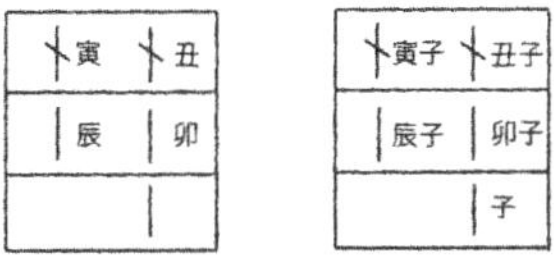

寅	丑
辰	卯

約　段数を約むなり

各式毎級毎位の段数の遍く約（つづ）むべき者はこれを約（つづ）む。

図6－1

図６－１の例題

ここでも　子＝ａ、丑＝ｂ、寅＝ｃ、卯＝ｄ、辰＝ｅ としましょう。

例題は、次のようになります。

$$\{\{-\underline{a}c)+(-ab)\}+\{\underline{a}e+\underline{a}d\}x+\underline{a}x^2=0$$

各項にａが共通にあるのでａでくくり、省くと次のようになります。

$$\{\{-c)+(-b)\}+\{e+d\}x+x^2=0$$

この結果が例題に示されています。

図６－２

図６―１で、

・「各式の毎級毎位の傍書の同名」

・「遍く乗ずる者」

とあるのは、それぞれの方程式の各項（毎級毎位）の文字係数に同じ文字が使われていたときの事を指しています。

・「これを省く」

とありますから省略しなさいということです。

　続いて、例題が出ています。これを学校数学で書いてみると、図６―２になります。これを見ると、各項にａ（子〈ね〉）があらわれていますから省略しようというわけです。

その三　約

図7―1は、「約」です。

約　段数を約むなり

各式毎級毎位の段数の遍く約(つづ)むべき者はこれを約(つづ)む。

図7―1

仮如(たとえば)、これを約(つづ)む。　毎級遍く二を約む

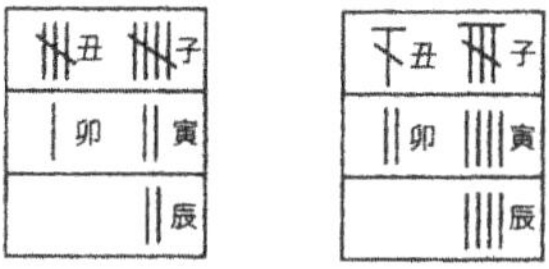

子	丑
寅	卯
辰	

子	丑
寅	卯
辰	

図7―2

図7―1では「約(つづ)」に続いて、

・「段数を約むなり」

とあります。

・「段数」

は、傍書に添えられている数のことです。

続いて、

・「各式毎級毎位の段数」

とありますから、式の各項にある

・文字に添えられている数のこと

になります。また、

・「約もべき者はこれを約む」

とありますから、

・約してもよいものは約しなさい

ということです。

この例題は、図7―2です。これを、学校数学で説明すると、図7―3になります。各項に共通の2がありますから、これは「約」してもよいというのです。

その四　縮

図8―1は、「縮」です。

「級数を縮むなり」は、項の列が長くても縮めることが出来るということです。

また、図8―1、2の例題での「空級」とは、項の係数がゼロのことです。

次に、「前式」「後式」で使われている用語は次のように解釈します。

・「五乗」は六次

図7－2の説明　子＝a、丑＝b、寅＝c、卯＝d、辰＝eとしましょう。例題は次のようになります。

$\{(-8a)+(-6b)\}+(4c+2d)x^2+4ex^3=0$

各項で2が共通ですから2で約すと、次のようになります。

$\{(-4a)+(-3b)\}+(2c+d)x^2+2ex^3=0$

この結果が示されています。

図7－3

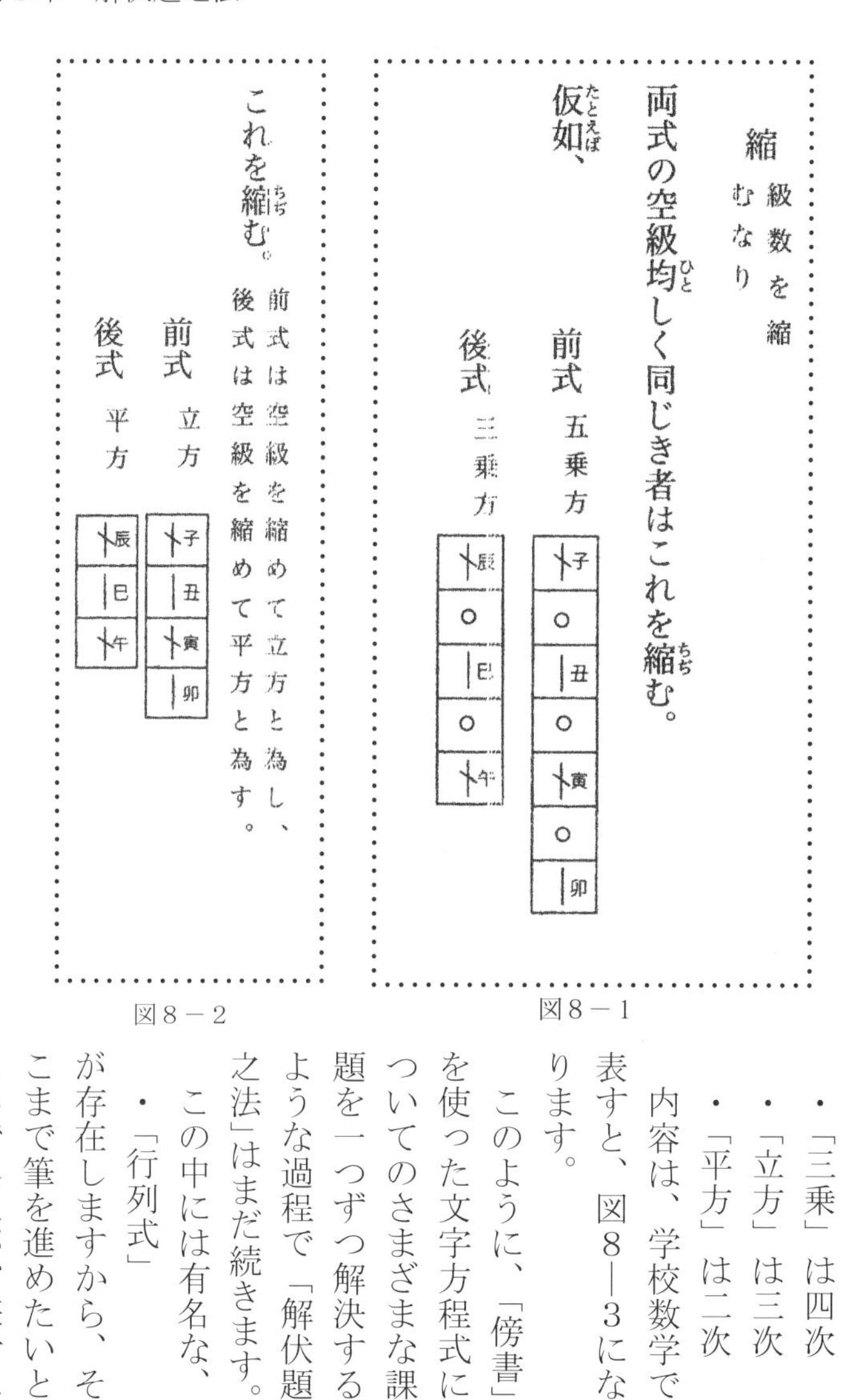

図8－1　図8－2

・「三乗」は四次
・「立方」は三次
・「平方」は二次

内容は、学校数学で表すと、図8―3になります。

このように、「傍書」を使った文字方程式についてのさまざまな課題を一つずつ解決するような過程で「解伏題之法」はまだ続きます。

この中には有名な、

・「行列式」

が存在しますから、そこまで筆を進めたいところでしたが、筆者に

図８－１、２の説明

子＝ａ、丑＝ｂ、寅＝ｃ、卯＝ｄ、辰＝e、巳＝ｆ、午＝ｇとしましょう。

前式：$(-a)+bx^2+(-c)x^4+dx^6=0$

後式：$(-e)+fx^2+(-g)x^4=0$

ここで$x^2=t$とおくと、次のようになります。これが「縮」です。

前式：$(-a)+bt+(-c)t^2+dt^3=0$

後式：$(-e)+ft+(-g)t^2=0$

図８－３

は解説する力量がありません。やむを得ず「解伏題之法」はここで打ち切りとします。

2016. 9. 27. セッションの様子

◆おわりに

本書は、生活数学ネットワーク及びヨーコインターナショナルの共同主催でのセッション（ミニ講演会、90分、月1回第4火曜日）で、平成28年（２０１６年）３月から12月までの10回に亘り開催した内容をもとに加筆した内容です。

このように、「関孝和の数学」と題して、ミニ講演をしてきましたが、振り返ってみますと、関孝和の著書は漢文ですから大変です。自己流の訳し方も許されませんので、インターネットで検索し、「書き下し文」を探しました。この中で出会ったのが、京都大学から公開されている次の文献です。

「解見題之法、解隠題之法、解伏題之法、書き下し文」京都大学数理解析研究所講究録第１８５８巻２０１３年

この文献は公開されているので先方に使用許可を取らずに引用して使うことにしました。

さて、プリントして書き下し分を読んでみるとわからないことばかりでした。何日間も考えてしまうこともありました。時には、後述の文献を見ることもありましたが、ヒントに行き着くこともなく解決できないで放っておくこともありました。

時には、ミニ講演の日が近づく頃になると不思議に解決のヒントが生まれることもありました。こうして自力で「三部抄」に取り組みました。

しかし、「解見題之法」も「解伏題之法」もセッションの日程などのこともあって中途で挫折をしましたが、「解隠題之法」は幸いにも全部を取り上げることが出来ました。

こうして、「関孝和の数学」の第10回目を無事に終わることが出来ました。この日(平成28年12月)、ミニ講演後に開かれた懇親会の席上、参加者から、

「関孝和の数学といっても中身を知っている一般の人はこの会に参加されている人ぐらいでしょう」

「縦書きで書かれた関孝和の数学の内容をこれほど分かりやすく丁寧に説明してくれる機会に出合ってびっくりしています」

「縦書き数学が読めるなんって、先生の頭の中はどうなっているのか不思議！」

「縦書きでこれほどのレベルの数学を追求したなんて、関孝和ってすごい！」

さまざまな感想をいただきました。

はじめは1、2回で終わるのかもしれないと思いつつ続けているうちに予定を超えて10回も継続できたことは参加者の熱意と応援のおかげです。

そしてまた、

「この内容は冊子にして欲しい！」
という参加者の声もあって、その声を生かしたいと加筆してまとめました。

参考文献

1 平山諦、下平和夫、広瀬秀雄編集『関孝和全集』大阪教育図書 1974年
2 平山諦著『増補訂正関孝和―その業績と伝記』恒星社 昭和49年
3 竹之内 脩 論文「関孝和の解伏題之法について」京都大学数理解析研究所講究録 1064巻 1998年
4 岡部進著 論文「和算史をみなおす」神奈川県高等学校教科研究会数学部会誌 1978年

この拙論を書いている頃、関孝和に熱中していました。その後、和算研究から離れることになりました。数学者小倉金之助研究の延長として西洋統計学の摂取の歴史に取り組みました。

おわりに

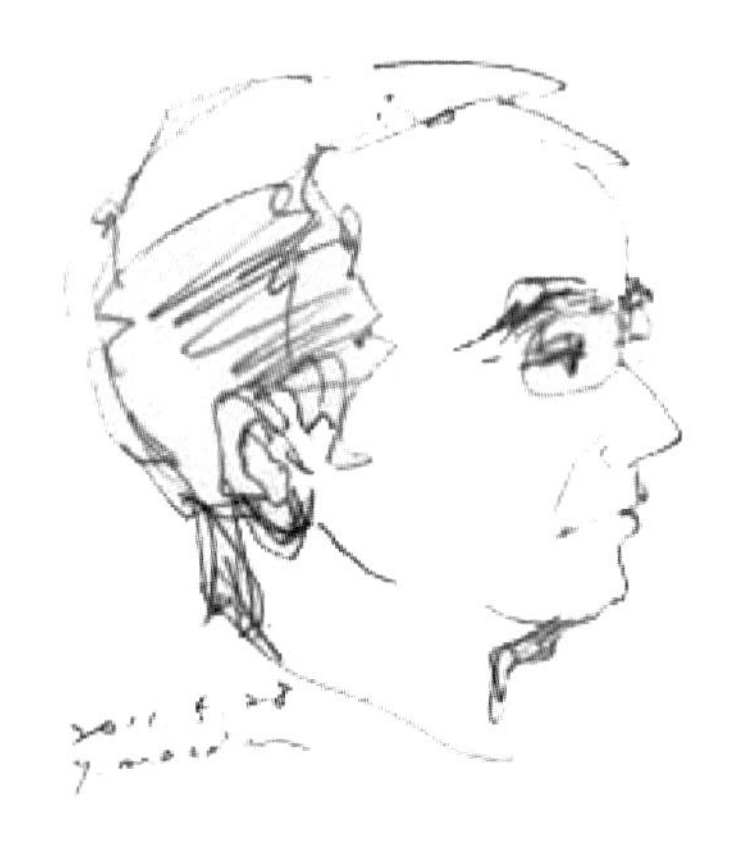

西洋数学	1	2	3	4	5
関孝和表現	𝍠	𝍡	𝍢	𝍣	𝍤
西洋数学	6	7	8	9	10
関孝和表現	𝍥	𝍦	𝍧	𝍨	𝍩
西洋数学	20	30	40	50	60
関孝和表現	𝍪	𝍫	𝍬	𝍭	𝍮
西洋数学	70	80	90	100	200
関孝和表現	𝍯	𝍰	𝍱	𝍠〇〇	𝍡〇〇

図1

関孝和の数学に登場する数表現

ここでは、前述した文字式、整式、方程式の係数表現に登場する数表現のまとめです。

（1）西洋数学との対比

図1で、一位の縦棒と横棒は十位では横棒と縦棒に変わります。そして百位は一位と同じ、千位は十位と同じになります。つまり奇数位と偶数位とが交互になっています。また100、200のように空位は丸で表します。しかし、丸はゼロ表現ではなく、ソロバン表現の変形なのです。

次に具体的な数値を使って関孝和の表現を示すと図2になります。

縦書きでなく横並び表現です。この表現は、本書第2章で見られます。整式の項の係数にはこうした横表現が顕著です。

数 369, 012 の関孝和表現

図2

西洋数学	−468
関孝和表現	

図3

(2) 負の数の表現例

負の数を表現するには、図3のように一位を表す数字に斜線を引くことなのです。

(3) 小数表現

小数点表現はありませんから、図4の場合では、2.347であり、同時に234.7でもあるのです。けれども複数の数と一緒に使うことで見分けられるようになっています。

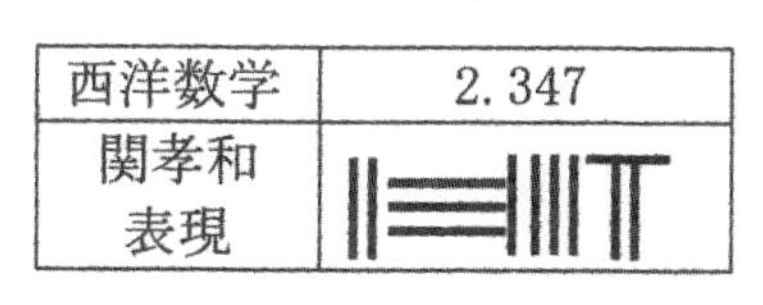

西洋数学	2.347
関孝和表現	

図4

ここでは次の文献を参考にしました。

1　平山　諦著『和算の歴史―その本質と発展』至文堂　昭和三六年四月　32頁

2　林鶴一著『和算ノ初歩―天元術及ビ点竄術ニ就テ』東京開成館昭和十年一月　51～52頁

3　平山　諦他編集『関孝和全集』大阪教育図書　昭和四十九年八月　２６２頁

2017年7月25日　第９３回生活数学セッションの様子

参加者の感想文

（生活数学ネットワーク会員の方々）

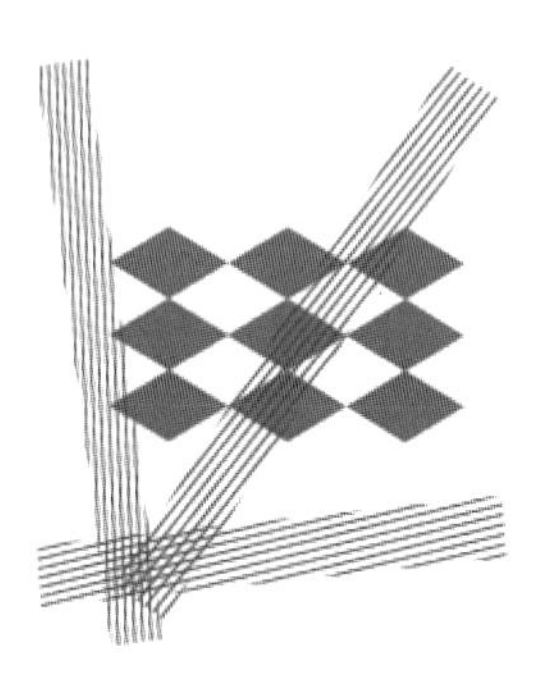

和算・関孝和の数学のセッションを終えて

加藤忠郎（日進精機株式会社）

数学者藤原正彦氏の著書『天才の栄光と挫折―数学者列伝』によると、江戸時代の数学者関孝和は数学や暦術に関する中国からの文献を渉猟し、10年以上をかけてこれらを吸収し、さらに発展させ、中国のレベルを超えていたと言われている。将軍家碁所四家の一つに生まれた渋川春海（本名安井算哲）は本業の囲碁以外にも暦術その他の学問にも勤しんでいた。幕府は改暦の検討を春海に命じた。歳が同じで春海をライバル視していた孝和にとってはさぞかし辛かったであろう。孝和のように暦学の背後にある数学を良くは理解していない筈の春海が、理論研究を端折り、改暦の主人公として、測量や天体観測に、また広い交友関係を利用した幕府や朝廷の貴顕への政治工作に、東奔西走しているのを孝和は苦々しく思っていただろう。算聖と崇拝されたのは死後30年も経ってからであり、半生をかけた春海との戦いに敗れ、父母を幼少の折に失った孝和は薄倖の人だった。暦の作成にあたって円周率の近似値が必要になったため、1681 年頃に正 131072 角形を使って小数第11位まで算出したと言う。関が最終的に採用した近似値は「3. 14159265359 微弱」。

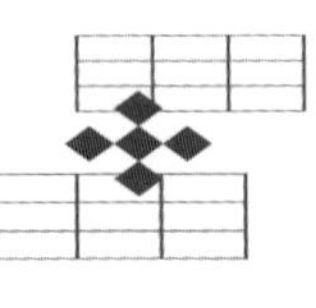

関孝和の和算は日本語の縦書きで高次方程式を解くと言った、西洋数学とは異なった独特な数学である。この分野に踏み込んで研究した事がある現代人は殆どいないのではないか。岡部進先生のお陰で我々はその稀有のグループに属することとなった。先生自体も我々に教えるまでに随分勉強されたと聞く。

初めての講義は直角三角形や四辺が等しくない四角形の面積、直角三角形の内接円の直径等の計算を漢字で表現することを教わる。三平方の定理（ピタゴラスの定理）も自明のように扱われている。直角三角形の直角をはさむ二辺は「勾」、「股」、斜辺を「弦」などと呼ぶ。

その内、縦書きで一次式、二次式、三次式等を表わす方法を学ぶ。縦棒と横棒の組み合わせで係数となる数字が表わされる。二次式と三次式を掛け合わせることも定数、次数を揃えて順々に縦書きで計算することも学ぶ。更には二次式、三次式の方程式を解く方法に入るが、式を変形して定数項を0にして次数を下げて行く方法を取っている。方程式によっては割り切れる数になるとは限らないので、近似解を出すまで作業を繰り返すことになる。

これらのことが実践的に役だったとは思えないし、かなり研究・趣味の範疇に入るような気がするが、江戸時代にこのような縦書きで数学を研究していたことには感心した、というより吃驚した。

「和算　関孝和の数学」で感じた事

松田勇三（公益社団法人日本電気技術者協会）

関心を持ったところは多々ありますが、関孝和の数学の内容を大まかに把握している程度ですので感想文ではなく、箇条書きにしてみました。

①　資料をいただいても漢文が読めないので何のことかチンプンカンプン、先生の説明と解説書でどうにか理解出来ました（内容はこれまで学んできた数学／代数、幾何等で理解出来るものでしたが、江戸時代にこんな高度な数学があったのかと驚きでした）。

②　漢数字、正数（加算）、負数（減算）、掛け算、割り算等を記号化し、縦書きの筆算が出来る仕組みが確立されていることには感心しました。

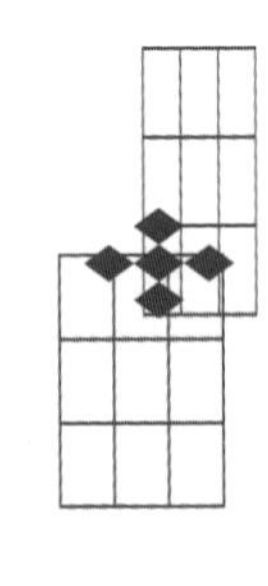

③ 方程式の解法

例えば3次方程式　　$f(x) = ax^3 + bx^2 + cx + d = 0$ を

$f(x) = a(x - p)^3 + b_1(x - p)^2 + c_1(x - p) + d_1 = 0$ の形に変形し、

$d_1 = ap^3 + bp^2 + cp + d$ を 0にする p［解］を求めるアルゴリズムが確立している。

p は近似値計算であり、又、方程式の次数が上がっても同様の方法で「解」を求められることから、代数的な解法が無い5次以上の方程式でも近似値計算で「解」が得られる「和算　関孝和の数学」は素晴らしいと思いました。

しかしながら、$f(x) = ax^3 + bx^2 + cx + d$ を $(x - p)$ で割ったときの商を $g(x)$、余りを r とすると、$f(x) = (x - p)g(x) + r$ であり、ここで $x = p$ とすると、

$f(p) = r$ だから、

$f(p) = ap^3 + bp^2 + cp + d = d_1$ と元の式と全く同一の形式になり、これは次数が上がってもかわりませんでした。

d_1を0にする p［解］を求めることは、元の式 f(p) を0にする p を求めることと同じであり、関孝和の変形形式によらなくても良いのでは?と変な感じになりました。

④「和算では割り算を掛け算になおす」と教わったが、「そろばん」と「単位系」で困らないように工夫されていることが理解出来ました。

・京枡（1升）の体積は、5寸×5寸×2.5寸　=62.5（立法寸）。立法寸を升単位で表わすには、1/62.5　=　0.0016　を掛ければ良いが、16をそろばん上で二桁ずらして掛け、割り算の問題は無いように工夫されている。
・底辺1尺5寸、高さ1尺8寸の正四角錐の体積
15 x 15 x 18 x 0.0016 x 0.33783（=　1/2.96）=　21.891（升）
（1/2.96　=　0.33783　は33783をそろばん上で一桁ずらして掛ける）
　21.891升　は2斗1升8合9勺1抄　と小数点の問題は無いように工夫されている。

⑤　錐体の体積が「底面積×高さ÷2.96（和算の初期は、円周率は3ではなく2.96）」として知られていることには驚きでした。（2.96はどこから得たのでしょうか。実生活で錐体が使われており、その体積が直方体の体積の1/2.96だったとか？）
⑥　直角三角形（三平方の定理）をベースに、面積及び各辺の長さの関係等を既知とした連立方程式と方程式の解法とをミックスした非常に高度な数学を、江戸時代の庶民は知っていたのでしょうか。そうであれば驚きです。

江戸時代の豊かな生活を感じとることが出来た

黒沢　宥（一般財団法人日本防火・防災協会）

江戸時代の数学者「関孝和」の名前は知っていたが、彼の名を高めた「和算」がどういうものであるか、知らないでいた。

たまたま、元日大教授の岡部進先生が関孝和の和算についてセッションを開いていることを仄聞し、途中からではあるが、参加させていただいた。縦書きの漢文で書かれた問題とその解法を参加者一同、ワイワイ議論する形式でセッションは進められた。ただ、先生と生徒の学力には相当の差があり、先生の解説なしには先に進めないことがしばしばであった。

このセッションを通じて、関孝和の和算は西洋数学に非常に近い、というのが筆者の理解であった。話が傍書法による解法に限られていたためか、縦書きの文章を高校時代に学んだXやYの混じった横書きの数式に翻訳しなおすと、文章の意味が頭の中にしっかり入り込むような感じであったからである。

関孝和の活躍した江戸時代、空前の和算ブームに沸いていたと言われている。数学同好者が身分の隔たりを超えて流派を形成し、さながら剣術その他の武芸、絵画や俳句、あるいは踊りや活け花と同じように、人々は真摯な気持ちで数学の道に取組んで

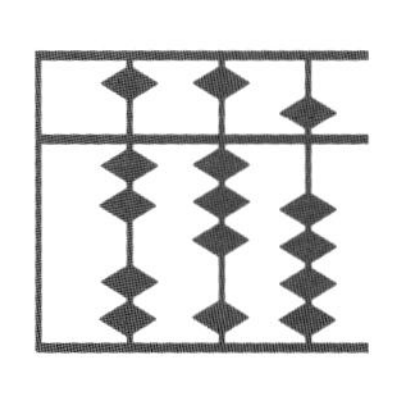

いたのではないかと思われる。

関孝和の和算を学びつつ、江戸時代のゆとりある豊かな生活を感じ取ることができたことを、岡部先生、それにこのセッションに参加した同好者の方々に、心中より御礼申し上げる次第である。

この体験はすごい事だと思う

大和義行（NPO法人蔦くらぶ）

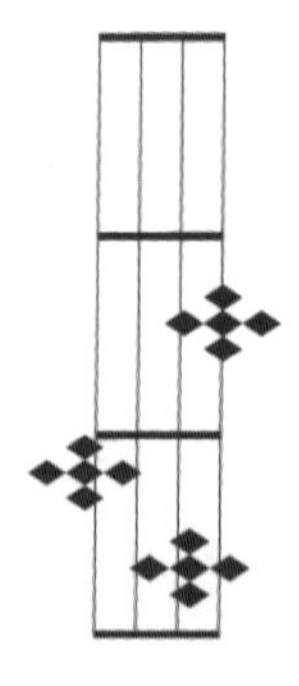

私たちは生活数学セションにおいて岡部進先生のご指導により、関孝和の編み出した多次元方程式の解の求め方を、漢文縦書きで書かれている当時の解説書の一部を読み解き具体的に現代数学（西洋数学）に置き換えながら習う事が出来た。この体験はすごいことだと思う。
関孝和に関しては、江戸時代の優れた数学者と言うことは小中学時代に何かで習って記憶している人は多い。さらに円周率の近似値を独自の計算方法を編み出し小数点

以下11位までだしたとか、ベルヌーイに先駆けてベルヌーイ数を発見していたとかまで知識として知っている人もいるだろう。しかしこれらは結果の事に関する知識であって、関孝和は何をどの様に積み重ねる事でこのような結果を導き出したかに関して具体的には体験した人は数少ないのではないか？これらの一部を我々は体験できるという大変貴重な時間を戴いた。

関孝和は、数、数式に関して独自の記号と表記方法を開発し、それらを用い自由に多次元方程式を表現し、さらにその式の定数項をなくしてゆくという独自の方法で解を求める方法を編み出したらしい。セッションはほぼこれを紐解くような流れで進められた。関孝和の最大の功績はここにあるのであろうと感じた。

セッションを受講し何よりも感動したのは、江戸時代当時の各種記号と縦書き漢文で表現された関孝和の和算書を、岡部先生は読み解かれたことであり、またそれを我々に具体的に手を動かして計算させながら紐解かれたことである。

岡部先生の熱意と生活数学セッションに感謝、感謝です。

生活数学セッションで　和算を学ぶ

並木隆史（ＮＰＯ法人日本姿勢学会）

岡部先生のお計らいで生活数学セッションの前座として、参加者の皆様に介護フリーの健康生活を送っていただきたいとの思いから、古典の身体（相撲と能）をベースにした姿勢のミニ講座をやらせて頂いております。（姿勢を良くすることで五臓六腑は動きやすく呼吸も深くなり、足腰に対する意識も向上します。）

常日頃から身体の仕組みやその使い方に興味を持っている私に、敬愛する知の巨人・松岡正剛氏から２泊３日で「南総里見八犬伝」を、舞台となっている房総の地で繙（ひもと）きつつ太極拳の体験もできるというイベントへのお誘いがありました。上海から来られた呉式太極拳（６流派の１つ）の師範・沈剛師の手ほどきを受けました。感銘を受けたのは足裏がしっかりと床に張り付いている沈師の立ち姿。

現代の人のほとんどが母指球と土踏まずの内側に偏った立ち方になっているのですが、師は足裏の小指側（外側）がギュッとより外側に広がっているのです。つまり足裏の三つのアーチがしっかり均等に使われている証です。道場で指導しておられる時以外でもこの立ち方をされています。師の立ち方を真似てみると不思議や不思議、骨盤がきちっと立ち、足腰がしっかりと安定するではありませんか。以来歩く時も立っている時もこの姿を思い描きながら実践しております。

イベントから戻って早速「南総里見八犬伝」を買って読み始めました。物語もさることながらこの本の特徴はその挿絵にあります。驚きました、描かれている武将の足はまさに沈師の立ち姿そのものでした。古典の身体です。

15世紀明代に書かれ人気を博した二つの時代小説、「水滸伝」と「三国志演義」を念頭に置いて、文化11年（1814）から28年かけて戯作者・曲亭馬琴が書いた世界的にも稀な長編伝奇小説は、江戸初期に明から日本に伝わったものを換骨奪胎し、絵草紙の流れを汲む職業絵師の手になる本格的な迫力のある絵画のような挿絵を取り入れています。この挿絵は馬琴自身が下絵を描いたほど物語の展開に重要な役割を果たしています。世界で人気の日本の漫画やコミックの源流はすでに江戸初期の草双紙にあることも知りました。

水滸伝が伝わったと同じ時代（160年以上前）に和算の世界ではすでに中国から伝わった算木主体の算術を換骨奪胎して縦書きの算法として高度に発達させた人物が登場していました。このたび岡部先生に繙（ひもと）いていただいた数学者の関孝和です。

宋・金・元時代に大きく発展した天元術を深く研究し、根本的な改良を加え、

1674年に「発微算法」を著し、筆算による代数の計算法（点竄術）を発明して和算が高等数学として発展するための基礎を作ったのです。円周率の近似値小数第11位まで算出したのは世界的に見て最も早い適用例だそうです。

正確な地図を作った伊能忠敬も曲亭馬琴と同じ時代、江戸初期5代将軍綱吉の悪評高い生類憐れみの令、実は世界の先端を行く福祉政策であり、狂犬病の予防と犬の鑑札制度でもあったとのこと。

火薬の平和利用として発展した花火。

知力、文化力、勤勉さ、そしてもうひと手間を惜しまぬ匠の技など、知れば知るほど日本人であることを誇らしく思います。

和算における多くの成果は各流派の中で秘伝とされ続けてきたものを関門下生が開陳してくれていたお陰で日本の底力の一端を知ることができました。

そんな先人の知である和算を繙（ひもと）いて下さった岡部先生に感謝です。

岡部 進　susumu okabe

プロフィール

１９３５年神奈川県小田原市生まれ。１９５９年３月横浜国立大学学芸学部数学科卒。日本大学教授（工学部）、芝浦工業大学工学部特任教授（教職課程担当）を歴任。数学教育史専攻、著書多数。小倉金之助研究で知られる。日本文化を見つめるという視点を生かして「縦書き」で「生活数学シリーズ」を執筆。１０冊目を２０１１年刊行して完結。第２弾「続・生活数学シリーズ」をスタート。現在「茶の間に対数目盛」「数値文化論」の２冊を刊行。３冊目となる本書は講演内容をまとめた特別冊子。現在、生活数学ネットワーク代表。

算聖・関孝和の「三部抄」を読む

江戸時代の文化思想として

生活数学セッション　基本テーマ「数値文化の近未来」（第40～49回）で取り上げた記録

２０１７年12月1日　第一刷発行

著者　岡部 進

発行者　前田 洋子

発行所　生活数学ネットワーク／ヨーコ・インターナショナル

〒151-0061　東京都渋谷区初台１－５０－４

電話・FAX　０３－３２９９－７２４６

URL　http://www.yo-club.com

ISBN978-4-9905889-2-2

製本・印刷・株式会社第一印刷所

生活数学シリーズ本・案内

1．「洋算」摂取の時代を見つめる　　２８４頁　２５００円

書籍コード：ISBN978-4-9904507-0-0

明治維新後の政府は西洋数学・西洋統計学の普及を目指すが、このときに活躍した人物に光を当てて、海外に目をむけていく様子を捉えた。

2．日常素材で数学する　　２４１頁　２０００円

書籍コード：ISBN978-4-9904507-1-7

数学の素材は、身辺にあふれている。この中から、現代数学の中心概念を扱った。高校生・大学生の輪読に最適。

3．「生活数学」のすすめ　　２０５頁　２０００円

書籍コード：ISBN978-4-9904507-2-4

算数で扱っている数・量・比率、式とグラフ、確からしさなどの意味を日常とからめて平易に説明しているので、数学的素養を膨らましてくれる。

4．算数・数学への疑問から　　２２１頁　２０００円

書籍コード：ISBN978-4-9904507-3-1

数学は頭で作られるもの、観念の創作という数学観を再考するには最適な書。「なるほど」と数学への固定観念が打開できるような哲学書に近い。

生活数学シリーズ本・案内

5. 生活幾何へのステップ～形からの出発　２３１頁　２０００円

書籍コード：ISBN978-4-9904507-4-8

「論証幾何」が学校から消えて久しい。アメリカの高校幾何を紹介する中で、日本の幾何教育のあり方を再考する。

6. ここにも生活数学　２３０頁　２０００円

書籍コード：ISBN978-4-9904507-5-5

数値や数値計算が捨てられている現実に目を向けて、近似値、場合の数、時系列データ、演繹的議論、などを生活に目を向けてあつかい、その捉え方の転換と必要性を説いている。

7. 生活文化と数学　２３７頁　２０００円

書籍コード：ISBN978-4-9904507-6-2

数値が氾濫するという「数値文化」（造語）の現実を捉え、日本に見られる生活文化の内実を追求する一方で、ハワイ原住民文化の悲劇的な行方にも学ぶ。

8. 競う現象と生活数学　２６０頁　２０００円

書籍コード：ISBN978-4-9904507-7-9

「競争」と「競走」、「速い」と「遅い」に目を向けると、「瞬間とは」に入り込む。この「微分」への誘いの道を生活と数学の目で解説している。

生活数学シリーズ本・案内

９．まわるとくくりの数学　２４７頁　２０００円

書籍コード：ISBN978-4-9905889-0-8

回るものは繰り返して同じ事を起こすことが出来る。こうしたものは人間にとって大事な道具である。この原理を生活と数学の目で追求している。

１０．集めてはかる数学　２４１頁　２０００円

書籍コード：ISBN978-4-9905889-1-5

一枚では測れないものは集めると測れる。こうした場面は日常にいろいろに見受けられる。この捉え方は、積分への道であると生活の目で解説している。

特１．知的好奇心のヒント～数値文化を考える　１７１頁　８００円

書籍コード：ISBN978-4-9904507-9-3

毎月発信中のメールマガジン『岡部進の「生活数学」情報通信』の１～１６号までをまとめたもの。

続・生活数学シリーズ本・案内

続・１．茶の間に対数目盛ー3.11震災に学ぶ　２６６頁　１５００円

書籍コード：ISBN978-4-9905889-3-9

人体・放射線量・対数目盛・・・震災規模を長期的データで読むことで見えてくるもの・・マクロ数値とミクロ数値を一画面上で・・・小学生・中学生にも対数目盛がわかるように・・・。

続・２．数値文化論　２２８頁　１５００円

書籍コード：ISBN978-4-9904507-4-6

数値文化が新しい文化を生み出している！いま数値が大量に捨てられ、大量に拾われている。こうした数値に人々は、どう向き合えばよいのか。その向き合い方は？また、数値には、その背後に「生活の中の数学」（生活数学）が潜んでいる。この数学とは？。

（全て税別表示価格）